塔维斯托克诊所
了解你的孩子

3－5岁幼儿
为什么问个不停？

Understanding your three-year-old
Understanding your 4-5-year-olds

［英］路易丝·伊曼纽尔　莱斯利·马罗尼　著
　　　（Louise Emanuel）　　（Lesley Maroni）

杨维玉　译

林怡青　田杜鹃　审校

中国轻工业出版社

图书在版编目（CIP）数据

3—5岁幼儿为什么问个不停？/（英）路易丝·伊曼纽尔（Louise Emanuel），（英）莱斯利·马罗尼（Lesley Maroni）著；杨维玉译．—北京：中国轻工业出版社，2019.6（2025.2重印）

（塔维斯托克诊所·了解你的孩子）
ISBN 978-7-5184-2170-1

Ⅰ.①3…　Ⅱ.①路…②莱…③杨…
Ⅲ.①婴幼儿心理学　Ⅳ.①B844.12

中国版本图书馆CIP数据核字（2018）第249992号

版权声明

Understanding Your Three Year Old Copyright © The Tavistock Clinic, 2005
Understanding 4 – 5 Year Olds Copyright © The Tavistock Clinic, 2007
First published in the UK in 2005 & 2007 by Jessica Kingsley Publishers Ltd
73 Collier Street, London, N1 9BE, UK
www.jkp.com
All rights reserved
Printed in U.K

《3—5岁幼儿为什么问不停？》中文译稿 © 2012/05/11，
Louise Emanuel、Lesley Maroni/著，杨维玉/译
简体中文译稿经由心灵工坊文化事业股份有限公司
授权北京万千电子图文信息有限公司（中国轻工业出版社）
在中国大陆地区独家出版发行

责任编辑：孙蔚雯　　　　责任终审：李克力
策划编辑：孙蔚雯　阎　兰　责任校对：刘志颖　　责任监印：吴维斌

出版发行：中国轻工业出版社（北京鲁谷东街5号，邮编：100040）
印　　刷：三河市鑫金马印装有限公司
经　　销：各地新华书店
版　　次：2025年2月第1版第5次印刷
开　　本：880×1230　1/32　印张：8.25
字　　数：115千字
书　　号：ISBN 978-7-5184-2170-1　定价：52.00元
读者热线：010-65181109
发行电话：010-85119832　　010-85119912
网　　址：http://www.chlip.com.cn　http://www.wqedu.com
电子信箱：1012305542@qq.com
版权所有　侵权必究
如发现图书残缺请拨打读者热线联系调换
242726Y2C105ZYW

推荐序一
成长与陪伴

林玉华

台湾辅仁大学医学院临床心理学系教授

塔维斯托克（Tavistock）诊所[1]自1920年成立以来，其发展深受精神分析的影响。将近一个世纪，塔维斯托克诊所以对于心理健康服务之推动以及训练心理治疗师的贡献享誉全球。目前，它已经成为英国最大的心理健康专业人员培训机构，为家庭医生、精神科医生、精神科社工、精神科护士、育婴工作者、教育心

---

[1] 第一次世界大战之后，神经科医生Hugh Crichton-Miller在维也纳心理学派的基础上，针对患震弹症和神经症的退伍军人研发出了一套心理治疗法。之后在Crichton-Miller医生的推动之下，于1920年催生了塔维斯托克医学心理学院（即目前的塔维斯托克诊所和培训中心），从此展开了对于一般民众的心理治疗服务以及针对心理治疗相关专业人员的训练。除了精神分析导向的心理治疗之外，塔维斯托克培训中心近50年来也陆续推出了短期动力导向心理治疗、系统家庭治疗以及团体治疗等多样化的心理治疗模式。至今，该中心每年会提供超过60种不同的培训课程，每年会培训出约1700名专业人员。塔维斯托克诊所直至今日仍是精神分析导向心理治疗师的培训重镇，其领军地位依然屹立不摇。

理师、临床心理师以及心理治疗师提供高质量的训练课程及学位学历。除此之外，塔维斯托克诊所也以其精湛的临床和咨询经验以及研究结果推出了系列丛书，借此增进心理相关专业人员对于各年龄层的个案在心理健康领域各个层面的理解与介入。"塔维斯托克诊所·了解你的孩子"系列丛书由一群在塔维斯托克诊所受训过的临床工作者或督导执笔[1]，他们根据自己的临床经验与反思，提出了对于婴幼儿的心智世界以及亲子关系的独到见解。

　　本书并未尝试为父母提供关于婴儿生理发育的知识或育婴法则，亦未试图针对幼儿的教育问题给予具体的建议。本书的作者们都曾受过精神分析或是精神分析导向心理治疗的训练，因此他们的反省主要在于陈述婴幼儿内心世界的发展，特别是一个人从胎儿、婴儿、幼儿到学龄期与主要照顾者之间所发展出的错综复杂的关系。例如，婴幼儿与父母之间的情绪经验，这些强烈的情绪经验如何彼此传递，以及这些情绪之间的相互作用如何影响婴幼儿内心世界的发展；随着婴儿的长大，当他们变得越来越独立，也越来越有自己的想法与主见时，父母所面临的情绪冲击与抉择，以及婴儿作为一个独立的个体，与父母之间的交错动力如何再度展开。

---

[1] 在"塔维斯托克诊所·了解你的孩子"系列丛书的作者群中，有半数以上的人曾经是我在塔维斯托克受训时的老师，能够再度赏阅他们年轻时的著作，甚是喜悦。其中，苏菲·博斯韦尔（Sophie Boswell）是我在受训时的同事，每当聆听她的个案报告，我总是为她优美的文笔赞叹不已，看到她也在作者群中，为她感到无比骄傲。

推荐序一 成长与陪伴

许多初为人母者可能对于正在孕育的以及即将诞生的婴儿怀有许多幻想与情绪。婴儿出生时的慌乱和可能随之而来的失落感，以及婴儿诞生之后的强烈情绪和必须立刻被满足的要求，可能都会使初为人母者感到惊愕与措手不及。当婴儿渐渐长大，父母也必须不断适应婴儿的变化、自己复杂的情绪变迁以及随之而来的层层挑战。有些父母会因为孩子的日渐独立而如释重负，并重新找回自己的立足点；有些则会发现随着婴儿的成长，自己处在难以忍受的失落中；另有一些父母则无视孩子的变化，而继续沉溺在彼此牵绊的情感依恋中。

20年前，我为了接受精神分析导向心理治疗的训练，开始进行婴儿观察，其中有一段婴儿刚满1岁时的情景以及母亲的对话，现在回忆起来仍然历历在目。我去观察的那一天，刚好看到婴儿开始学习扶着床边走路。母亲坐在地上满意地看着婴儿摇摇摆摆地从床沿的这一端往另一端走，走着走着，母亲突然开玩笑地对婴儿说："你真的要走啦？可是你忘了带尿布喔。"听到母亲的提醒，婴儿面无表情地扶着床沿往回走，这时我和那位母亲都会心地笑了。母亲将装有尿布的背包挂在婴儿的双肩上。婴儿背着背包又继续扶着床沿往另一端走。婴儿走到半路，母亲又提醒婴儿尚未带奶瓶。婴儿再次面无表情地扶着床沿往回走，母亲将奶瓶放入婴儿的背包中。婴儿背着装有生活用品的背包，再次展开他的旅程。这时，母亲脸上满意与骄傲的表情突然收敛了起来，带着感叹的语气跟我说："你看，他这样走着走着，有一天，他就会这样走出去，再也不需要我了！"这一幕描绘了母亲看着1岁的婴儿渐渐能掌控自己的四肢时的感受，虽然1岁的婴儿离变成一个独立自主的人还有一段不短的距离，但是看着婴儿渐渐能运用自己的四肢做自己想做的事，已经让一位母亲在心中揣摩着孩子独立之后的样子，以及自己在孩子独立之后的位置。

费来堡（Fraiberg）的经典文献《育婴室里的阴魂》（*Ghosts in the nursery*; Fraiberg, Adelson & Shapiro, 1975），阐述了在婴儿诞生时，父母未处理好的过去如何会再次像阴魂一样笼罩育婴室，影响着父母对于婴儿的想象与看法以及母婴的互动关系[1]。婴儿的情绪勾引出了父母的情绪，而父母自己的早期经验又反过来影响着他们对于婴儿情绪的解读与反应，如此反复，婴儿与父母之间错综复杂的情绪环环相扣，要找出这之间的系铃者已非易事，这个铃要怎么解，更是一门大学问。

"塔维斯托克诊所·了解你的孩子"系列丛书不一定可以给你提供所要的答案，但是一定可以帮助你了解自己和你的孩子。

---

[1] Fraiberg, S., Adelson, E., & Shapiro, V. (1975). Ghosts in the nursery: A psychoanalytic approach to the problems of impaired infant-mother relationships. *Journal of American Academy of Child & Adolescent Psychiatry*, 14 (3), 387-422.

推荐序二
改变从理解开始

李松蔚
北京大学临床心理学博士
家庭咨询师，自媒体专栏作者

"从来就没有单纯的婴儿这回事。"温尼科特说。

这句话从本质上揭示了育儿的挑战和魅力所在。婴儿的一切行为、情感都是变化的、互动的，必须放到与养育者的关系中去理解。这就注定了一切机械论的、还原主义的尝试都行不通。想要理解他们的小脑瓜里千变万化的思想，予以恰当的应对，是一项高难度的挑战，充满了自我参照的不确定性。塔维斯托克的这套书出色地完成了这个挑战。

这套书可以帮助家长了解孩子内在的发展变化规律。理解了这些规律，父母心里有了底气，就会减少很多不必要的担心：为什么孩子总喜欢把东西按照固定的次序排列？为什么他不跟别的小朋友一起玩？他看动画片是不是太多了？为什么他总在分心，是否专注力不够？……如果缺乏相关的知识，就很容易引起父母的紧张，甚至是灾难化的想象：这会不会是某种疾病的早期征兆？会不会耽误孩子的未来发展？我应该做点什么，以便及时干预这些"问题"？

最近这些年，随着原生家庭这个说法的流行，年轻的父母对育儿这件事普遍感到紧张。社会舆论的压力也越来越大，几乎所有父母都在学习怎样为孩子做得更多、更好。一方面，人们愿意为孩子多花时间精力，这挺好。另一方面，时间精力如果没有花在点上，不但可能没效果，反而可能加重孩子的负担。有时，我们会听到一些夸张的"提前教育"——教幼儿园小朋友学习小学高年级的知识，所需的思维能力远远超出了小朋友的年龄认知水平，他不可能真正掌握，除了死记硬背，别无他法。如果看过这套书，就不会犯这种错误。

我们应该为孩子做他们真正需要的事，而不是我们自认为必要的事。

父母为孩子做什么、不做什么，毫无疑问会对孩子产生深远影响。从这个角度来说，这套书可以改变你们家庭的互动模式。有时候，父母沉浸在自己的一套理论中，认定孩子是疯狂的、野蛮的、不守规则的，甚至是充满破坏性的。带着这些理解，他们会对孩子的言行做出负面解读："他为什么不写作业？一定是因为想偷懒。"甚至，"一定是为了故意气我。"之后他们就会以回应负面行为的方式处理：批判、打压、惩罚……

按照系统家庭治疗的理论，这些回应方式跟孩子形成了某种僵化的互动模式，反而导致了问题的维持。为了改变这种模式，系统家庭咨询师在咨询中经常问父母："孩子这样做，有什么好的理由呢？"我们期待父母从孩子的行为中看到善意的、正向的动机。哪怕孩子真的做出了糟糕的行为，如果父母在教育他的同时能够以一种欣赏的眼光看待孩子在行为背后的诉求，他们之间的关系就会很不一样，孩子的行为也更容易改变。

但父母有时很难改变，他们站不到理解孩子的立场上："理由？他就是个熊孩子。"

以后，我会建议他们读一读这套书。幸运的是，这是一套用善意写就的书，书里有很多"好的"理由，它帮我们认识到孩子是如何一天天长大的，他们的内在发生了何等奇妙的变化，他们是如何以符合心智水平的方式解决他们特有的问题的。没有指责，没有评价；只有深深的共情和理解。理解孩子的同时，也帮助家长理解自己——每个父母都可以在书里看到自己；你的孩子怎么样，就会导致你怎么样，你被激发出什么样的情绪，最终陷入怎么样的互动中……这套书会告诉你，这些过程是如何发生的。只要你了解了，就不会再被它左右。

常常有人问："要怎么培养一个理想的孩子？"其实就像养花，重要的是认识它的内在规律。你嫌它长得慢，或者不是你要的样子；但你永远不能替它生长。你无法控制一朵花怎样长大，到什么时间开花。它有自己的节奏。我们能做的就是给它适宜的环境、光照和水分，然后就是等待。话虽如此，但等待的过程是煎熬的，而且充满自我怀疑。好在这套书可以告诉我们，这朵花正在怎样长大。这一点对所有"养花人"来说，都是有功德的。

前　言

英国塔维斯托克诊所是一家在心理治疗师培训、临床心理健康工作以及研究和学术上取得了卓越成就的心理治疗中心，享誉世界。它成立于1920年，其发展历史本身就是一项具有开创性的工作。起初，塔维斯托克诊所的目标是希望其临床工作能够提供以研究为基础的治疗，以之进行心理健康问题的社会防治与处理，并且将新的技巧教给其他的专业人员。后来塔维斯托克诊所转向创伤治疗，以团体的方式了解意识和潜意识的历程，而且在发展心理学这个领域做出了重要的贡献。它在围产期[1]的丧亲哀伤经验上所下的功夫，让医疗专业对死产经验有进一步的了解，也发展出了新的支持方式去帮助丧亲哀伤的父母和家庭。20世纪五六十年代发展起来的心理治疗系统模式强调了亲子之间和

---

[1] 围产期，指的是围绕在新生儿出生前后的那段时间，包括生产前、生产中和生产后，通常指怀孕第七个月新生儿出生后的第一周的这段时间。——译者注

家庭内的互动，现在已成为塔维斯托克诊所在家庭治疗的训练和研究中所采用的主要理论和治疗技巧。

本系列丛书在塔维斯托克诊所的历史中占有一席之地。它曾以完全不同的面貌出版过3次，分别是在20世纪60年代、20世纪90年代和2004年。每次出版，作者都会用他们在临床背景和专业训练中观察和经历过的故事来描绘"正常的发展"。当然，社会一直在改变，因此，本系列丛书也一直在修订，期望使不断成长的孩子和父母、照顾者以及广阔的外在世界之间的日常互动呈现出应有的意义。在变动的大环境之下，有些东西还是不变的，那就是以持续不间断的热情，专注观察孩子在每个成长阶段的强烈感受和情绪。

本书延续了此系列丛书的第一本《0—2岁宝宝想表达什么？》的主题，继续讨论孩子复杂的发展过程。本书内容将孩子从0岁开始的发展过程描述得更加完整，即使读者没有阅读过前一本书的内容，也可以了解本书中所描述的内容。新的发展愈发明显地以一种微妙的方式与孩子们的早年相连。有些时刻，3岁的孩子会在重压下表现得不像一个3岁的孩子，可能退缩回年纪较小的状态当中，也可能成为一个"小大人"［正如本书第一部分的作者路易丝·伊曼纽尔（Louise Emanuel）生动描绘的那样］。然而这些并不是事情的全貌。改变是必然的，不可阻挡。作者以严谨且迷人的方式描述着3岁孩子逐渐扩展的社交生活，包括儿童的假想游戏、更有深度的情感生活，以及正在慢慢萌芽的更为清楚的自我意识。

第二部分着重在4—5岁的这段时间，描述了当孩子开始探索家庭以外的关系和友谊时所发生的变化。这个阶段的孩子会对自己所处的世界——这个会带来快乐同时又让人筋疲力尽的源头——感到无比的好奇。在本部分中，莱斯利·马罗尼（Lesley Maroni）生动地描述了在这个重要的发展阶段中的孩子，并为家长和专业人士提供了关于在这个时期的孩子的一些容易理解的洞察和深刻的见解。

乔纳森·布拉德利（Jonathan Bradley）
儿童心理治疗师
"塔维斯托克诊所·了解你的孩子"系列总编

目　　录

第一部分　叛逆的小小孩：3岁幼儿 / 1

引言 ······ 3

第一章　了解你的孩子 ······ 11
　　内在气质＋生活经验＝对外在世界的看法 ······ 12
　　游戏可以带来什么好处呢？ ······ 13
　　为什么孩子会走进幻想世界里？ ······ 15
　　要将孩子从幻想中拉出吗？ ······ 17
　　进入语言高阶班：能表达感受与对话 ······ 23

第二章　家庭亲密网 ······ 29
　　家庭中的三角关系 ······ 30
　　对母亲有情色的感受 ······ 32
　　相信吗？嫉妒会导致睡眠障碍 ······ 33

　　　　父母需要偶尔离开孩子，享受二人世界 …………… 37
　　　　我要像爸爸妈妈一样 …………………………………… 39
　　　　孩子被不同的管教方式给搞乱了 ……………………… 44
　　　　单亲的爸爸或妈妈，孩子还是你的 …………………… 46

第三章　家中新成员 ……………………………………………… 49
　　　　怀孕这件大事 …………………………………………… 50
　　　　兄弟姐妹间的互动关系：友谊与嫉妒 ………………… 56
　　　　朋友之间的对话讨论 …………………………………… 62

第四章　处理愤怒 ………………………………………………… 83
　　　　通过玩游戏来攻击和发泄愤怒 ………………………… 84
　　　　暴怒的孩子 ……………………………………………… 86
　　　　每一个人都会生气 ……………………………………… 89
　　　　说"不"需要理由吗？ ………………………………… 91
　　　　一手拿胡萝卜，一手拿棒子：贿赂和威胁 …………… 93
　　　　你同意打孩子吗？ ……………………………………… 95

第五章　找出问题，解决它！ …………………………………… 99
　　　　如厕训练·故意乱尿·尿床 ………………………… 100
　　　　需要一个安静放松的反省时刻 ………………………… 103
　　　　幼儿为什么会睡不好或睡不着呢？ …………………… 107
　　　　食物与情感之间的联系 ………………………………… 114
　　　　性别差异与性别角色 …………………………………… 119

	当难过的事情来临时	120
第六章	好棒，上幼儿园了	123
	说再见，很重要	125
	游戏帮孩子转移分离的痛苦	127
	接受集体生活的挑战	128
	把老师当作妈妈	131
	即将进入爱冒险的4岁	133
参考文献		135

第二部分　感受力强的小大人：4—5岁幼儿 / 137

引言		139
第一章	在家中的生活时光	143
	为什么学校、家中两个样？	144
	父母与孩子之间的微妙关系	145
	兄弟姐妹间的对抗赛	150
	想象游戏带来心灵的抚慰	154
	尊重孩子做自己	158
	我需要爸爸妈妈了解我的情绪	162
第二章	上学去	169
	正式教育开跑了	170
	如何让孩子早点适应学校生活	174

	愿意和我做朋友吗?	177
	在学校和在家中的角色是不一样的	180
	从合作游戏中观察孩子的个性	182
	竞争,不好吗?	184
第三章	**社交生活新挑战**	187
	懂得分辨真实与想象	188
	好奇心作祟	191
	我是女孩,你是男孩	194
	恃强凌弱的开始	197
	喜欢有人做伴还是独来独往	200
第四章	**书籍绘本与亲子共读**	205
	利用绘本表达常见的恐惧	206
	值得念给孩子听的绘本书	208
	爸爸妈妈读故事书给我听	213
第五章	**孩子的焦虑与担忧**	215
	如何看待"失去"这件事?	216
	学习障碍是怎么来的?	221
	生病造成的恐惧和忧虑	228
	我的孩子跟别的孩子不一样,是有问题吗?	230
第六章	**教养孩子要像放风筝一样**	235
	给孩子明确的界限	236

适时放手，让孩子独立 …………………………………… 240

爱他就去了解他 …………………………………………… 242

参考文献……………………………………………………… 243

第一部分
叛逆的小小孩
3岁幼儿

路易丝·伊曼纽尔（Louise Emanuel）

引　言

米尔恩（Milne）的著作《小熊维尼》（*Winnie-the-Pooh*）系列故事中的主人翁，克利斯多福·罗宾（Christopher Robin）在6岁的时候回忆起3岁时的自己，觉得那时候的他根本不像是自己。但任何曾经跟3岁孩子相处过的人都可以看出，这个年纪的孩子在心智、身体和个性上有着快速发展。他们似乎每一天都有新的成长，越来越能表达自己，越来越具有能力、想象力和好奇心。此时，在出生后的第四年，是孩子真正建立自我认同——这就是我！——的时候了。

这一年是"差不多3岁"和"即将4岁"的重要分水岭。在这一年中，所发生的许多改变和转化都会让孩子拥有丰富的经验，经历不同的发展。在孩子3岁的时候，许多家长已重回工作岗位，因此会将孩子托付给他人照顾，而孩子们通常也是在这一年开始上幼儿园的。这是一件大事，当孩子即将离开婴儿期和学步期时，大人对于3岁幼儿的期待也会增加。

但是孩子真的已经长大成熟了吗？当孩子身处熟悉的环境当中且需求得到了关注时，他们有时候会显得相当有能力和受控制（知道如何打开电动玩具而不需人帮忙，或者已经会使用某些电脑功能了），有时候甚至变得爱指挥他人，会专制蛮横不讲理地指使父母或兄弟姐妹。本在3岁的时候拒绝爸爸妈妈叫他"本尼"，因为他说："我已经长大了，我现在是老大！"

然而，我们常常会惊讶地发现，3岁幼儿有着更年幼的、婴儿般的一面。他们可能这一会儿忙碌地假装自己像爸爸一样"在办公室里整理文件"，等一下又要求在大便时穿纸尿裤。他们可能在幼儿园里"像天使一样乖"，在家里却脾气暴躁又烦人。最后，他们会卸下防备并让你看到他所承受的压力，可能吸着大拇指蜷曲在你的大腿上，或是要求用奶瓶喝牛奶。

有位家长告诉我，她觉得，她的3岁女儿和14岁女儿在某种程度上十分相像：违抗命令／叛逆的；好奇心／探索性；喜欢冒险；一有机会就试图突破底线；一会儿很依赖人，一会儿又展现出了惊人的独立性。这两个发展阶段其实有相当多的共同点，尤其是情绪上的起伏、突然浮现的感受所引起的怒气、倏然落泪，或具有控制欲的专横态度。对于正在脱离蹒跚学步期的3岁幼儿，做父母的既不能对他们抱有太大的期望，又得确保给予孩子足够的机会，让其扩展能力。在这两者之间要找到微妙的平衡点，往往是相当不容易的。

技巧与自我意志的发展

孩子在3岁的时候通常更能与同伴一起玩,无论是在家里还是在幼儿园,喜欢幻想式或角色扮演类的游戏,进而扩展他们的社交范围。在分享玩具、选择玩伴或轮流等待时,孩子的情绪有时候太过高亢,因此仍需要家长在旁辅助。

3岁的孩子乐于展现体能,而且喜欢户外活动。他们可以自信地奔跑,开始可以跨越、跳跃和骑三轮车了,甚至开始学游泳或上幼儿体操课程了。他们也喜欢画图、简单的手工艺、迷宫和配对游戏,但仍然着迷于某些"婴儿"玩具。无论是自己一个人玩,还是和别人一起玩,孩子游戏时的创造性和想象力都与日俱增,他们对于语言的热爱也逐渐增长。到了3岁的时候,孩子开始喜欢与人对话,并学会了问"为什么",而且会问个不停。孩子的口语能力在创造新的词句和使用新学到的话语的同时,持续发展着,虽然有时会断章取义。珍妮3岁了,她哥哥最近正在准备化学考试。有一天,珍妮在上游泳课的时候因为觉得太冷了而发牢骚说:"爸,我真的一定要在这H_2O(水)里游泳吗?"周末时,萝丝听到了大人的互相取笑,隔周去幼儿园时,她就告诉学校老师:"我妈妈是酒鬼!"事实上,萝丝的妈妈最多只能喝一杯红酒。

孩子个别的兴趣、喜好和怪癖会在这个时候更为明显,但这些不一定符合社会期望。朵特生日的时候收到了一件有褶边的七彩衬裙,之后的一周,她坚持每天都要穿这件衬裙去上学,还将它套在裙子外面。她妈妈认为这仅是一场意志力的交战,不值得引起相关的争执。在中午野餐之前,凯文和家人要去散步,就在出发之际,他发现了一罐最喜欢吃的酸黄瓜。父母说午餐时他可以吃一条酸黄瓜,凯文没有表示任何意见。当大家准备出发时,他却偷偷溜到野餐篮旁边。突然一声巨响,大家看到酸黄瓜罐摔在地上破了。当爸妈问他为什么要摔破罐子时,凯文表示这样他就可以马上吃到酸黄瓜,不用等了。

孩子喜欢学习新的技巧,而这需要耐心与时间。但也不是随时都可以让孩子练习他新学会的技巧。比如,快要迟到的时候,就没有时间让孩子练习自己扣上毛衣扣子,或是让他自己系鞋带。不过不赶时间的时候,孩子总是会有足够的机会练习这些简单的技能。孩子会希望自己完成一些事,同时,他们也会需要家长的关注和细心的引导,且有耐心地鼓励他们努力完成。

孩子若感受到旁人能够理解和尊重他们"如婴儿般依赖"的需求,便可以达到最好的发展。孩子也需要感受到父母相信他们的能力,无论是在成长、发展还是学习新技能时。如果父母继续像对待婴儿一般地对待他们,孩子会觉得父母认为他们是无法自己完成事情的。相反,若太早强迫孩子独立完成事情,日后他们会觉得依赖他人的帮助或听从指示是很困难的。

在正常范围内,语言和身体发展的速度有很大的差异,且每一个孩子是在不同的时间学会不同的技能的。家长们难免比较孩子们的发展状况,这会导致一场场竞争。家长会担心自己的孩子在发展上不如其他孩子,其实每个孩子都有自己的成长速度。只有在各方面发展都严重迟缓时,才需要寻求专家的帮助。

家庭的一分子

家庭是孩子世界的基石,且扮演着"安全堡垒"的角色[此概念是由英国儿童精神科医生约翰·鲍尔比(John Bowlby)提出来的,来自他提出的"依恋"概念。鲍尔比医生认为"依恋"在人类关系中是相当重要的],孩子最初便是由这个"安全堡垒"出发去探索世界的。他们会观察,用心倾听,模仿动作、姿势和行为举止。孩子相信父母对他们的爱,以及父母愿意尝试和了解他们用行动、游戏和言语来表达的意思。家人的关爱、保护和对孩子在生理需求与心理需求上的关注,是他们在发展对他人同理心、与他人建立有意义的关系和从自我经验当中学习的一个重要基础。

在这个时期,一些事情会导致整个家庭生活发生重大的变化:通常是父母工作量增加、考虑换工作或是否接受职位升迁,讨论添个新生儿或搬新家的可能,等等。这时,住在附近的家人,如祖父母或其他亲戚朋友可能会伸出援手。不过,由于现代的交通便利,也不一定会有亲戚朋友住在附近,于是孩子便需要面对远距离的关系,例如:需要父母用照片或其他方式来提醒或帮助孩子认识住在国外的祖父母。有时候,我们以为孩子是可以理解有亲戚住在远方的,可是当问到3岁的杰森"你的祖母住在哪里？（牙买加）"时，他却回答："她住在电话里。"与3岁孩子住在一起的生活充满了斗智斗勇。这让父母的生活既筋疲力尽，又相当有收获。每个父母都应该为自己规划休息充电的时间，逛个街，或是去看一场电影。

> **贴心小叮咛**
>
> 每个父母都应该为自己规划充电休息的时间，逛逛街或是去看一场电影。

处理分离与转变的过渡时期

在孩子向外扩展生活圈和社交环境的同时，如何处理与人分离的过程，对孩子和父母而言，都是一件重要的大事。上幼儿园之前的准备和应付初期的适应阶段，对家长和孩子都是意义重大的经验。这个经验也会为日后的分离提供一个参考模式。很多家长相信早点开始让孩子习惯和其他人相处是一件"好事"，会让他们较容易适应学校生活，因此会尽早将孩子送到幼儿园。

其实这不完全正确。若孩子在婴儿时期与父母单独相处时有着满足的经验，通常比较能够适应集体生活，因为在他们内心里的双亲有着可信赖的形象，而自己拥有与这对慈爱的父母独一无二的关系，这会让孩子在之后的阶段比较容易与兄弟姐妹分享父母；或是在幼儿园里，当所有孩子都渴望独占关怀时，他仍然可以与一群相互竞争的同伴，一同分享像妈妈一样的老师。

孩子的行为模式通常始于家庭，并从他们和主要照顾者所发展出的关系开始。绝大多数孩子对于外部世界的态度和期待来自家庭生活的经验，而这些就是孩子与家中最亲近的成人相处累积而成的。

你会从本部分了解到……

在这一部分，我会巨细靡遗地描述3岁孩子的世界——他们在情绪上的起伏、游戏、学习和思考能力的发展，以及生理成长和口语技巧上的增进。我们知道，每个孩子都是独一无二的，也有着不尽相同的成长速度。即便如此，3岁的孩子仍有某些共同点。这部分的案例涵盖了各种社会文化和族群背景，以及各自特殊的生活经验。我希望读者至少会从这些案例中找到与自己的实际经验相似的情景。文中会描述3岁孩子的一般行为模式、通常会产生的担忧以及他们所带来的欢乐；也会点出在某些困境中或产生偏差行为时，家长需要在什么时候提高警惕及向外求助。不过，请记住，在3岁孩子身上，即使是最严重的困境，或是相当使人生气的行为，在之后的成长过程中都会有改进或稍微减少，而且这些也有可能对于孩子正在发展的个性和活力有所帮助。如果所有人都用同样的方式思考和处理事情，这个世界就太无趣了！

第一章
了解你的孩子

我们常常会想孩子看到的世界和大人的一样吗?

他们对世界的看法又是如何形成的?

亲子专家常说:跟孩子说话要蹲下来,你才能够了解孩子的处境和贴近他们的心灵。

当你看见孩子在喃喃自语或和玩偶说话,请不要惊讶,这是这阶段的孩子常常会玩的幻想游戏,为什么孩子会走进幻想与想象的世界里呢?

游戏就是游戏,没有任何的意义吗?

这个时期,孩子已经能够表达自己的感受和开始与人对话了,最喜欢问问题。

透过孩子玩的游戏、语言表达及行为动作,我们可以去观察、感受和了解我们的孩子。

内在气质＋生活经验＝对外在世界的看法

家长们可能都知道,每个孩子都是独一无二的,有自己的个性,有喜欢和不喜欢的东西,有恐惧和热爱的事物。是什么造就了这样独特的个性发展呢？3岁孩子的思考方式、感受及行为模式与他还是婴儿时跟父母的关系有一部分关联。

当遇到新的经验时,像上幼儿园或换老师,孩子会依照以往遇到挫折、环境转换和发展时——例如,断奶和学习爬行——所得到的协助来适应。而父母小时候所经历的养育经验,在某种程度上也会对孩子产生影响。有时候,父母自己有着相当不一样的童年经验,甚至是在不同的国家和文化中长大。帮助孩子对自己逐渐增强的能力建立自信,并提供明确的界限范围,不仅是一个挑战,也会带来回报。

孩子们与生俱来的内在气质与早期的生活经验结合在一起,导致他们在心里对于外在世界形成了独特的图景。早期关系的经验会影响孩子对于这个世界的看法——这是一个友善的、充满希望的和善解人

> **贴心小叮咛**
>
> 早期关系的经验会影响孩子对这个世界的看法,是友善而充满希望的,还是敌意而令人沮丧的。

意的地方,还是一个令人沮丧的、充满敌意的地方——他们可以期待这个世界会怎样欢迎他们。而这些关系的发展在一定程度上取决于孩子自己。他是一个容易满足的孩子,还是要求很多的孩子?是对外界刺激反应很慢,还是会马上微笑迎人?

3岁的时候,孩子和其他人的许多关系模式和期望已经建立,但仍然会继续发展新的关系。他对于世界的看法也会不停地改变。伴随着每一个行为和想法,孩子心里会有画面或景象,而这些心里的画面和景象通常都会表现在行为、游戏和日常对话当中。仔细观察和注意聆听孩子的游戏及动作的细节,可以帮助我们尝试了解他们的想法以及他们在日常生活中对什么有兴趣和关心什么。

游戏可以带来什么好处呢?

我们很容易低估游戏对于孩子的价值与重要性。事实上,孩子的工作就是游戏,这是他们发展想象力、创造力和发泄情绪的方式。在孩子玩火车组、布置农场或表演故事情节时,我们可以在他们的脸上看到全神贯注的神情。对于孩子而言,游戏有很多不同的形式,以及许多不同的功能。有时是厘清现实与想象之间的差异,有时是尝试不同的角色和身份认同,有时是寻找方法来适应强烈的感受,如喜爱、嫉妒或生气。孩子通常会在游戏当中将希望和恐惧借助玩偶、玩具动物或其他玩具表现出来，就好像这些是玩具们的情绪感受。游戏是孩子面对及处理生活经验的方式。这个年纪的孩子玩的游戏主题包括：分离时的焦虑、迷路或被遗忘、学习新技能时的欣喜、被孤立的恐惧、手足竞争等。他们可能会在布置农场时将一只小羊放在一边咩咩地叫，表示这只小羊"丢掉了妈妈"，然后又很高兴地让小羊和其他羊群聚在一起，或是让小猪仔们围绕着母猪，互相推挤着要吃母乳。捉迷藏的游戏总是让孩子们百玩不厌，因为这个游戏可以让孩子表达他们对于分离和"失去"某个人的焦虑，然后再度找到这个人。年纪小的孩子在躲藏时的等待忍受力有限，所以不要让他们躲太久才被找到。

> **贴心小叮咛**
>
> 多陪孩子玩游戏，可以从中了解并感受孩子的内心世界。

在绝大多数的时间里，孩子是没有能力掌控自己的生活的（比如，在他们身边来来去去的事物，多一个弟弟或妹妹，等等），游戏便是他们能够主导的时候。他们会扮演很会泡茶的人；去照顾生病的小娃娃或帮她准备晚餐；假装将小"泰迪熊"留在家里，自己则去店里买东西或去上班。

为什么孩子会走进幻想世界里？

在孩子成长的第四年里，他们的想象力越来越丰富，可以花很长的时间自己一个人或跟玩伴沉浸在虚构的游戏情节当中。他们可能会假装自己是电视节目里的超级英雄（例如，蝙蝠侠或忍者神龟里的反派施莱德），会消失在天线宝宝乐园里并用歌唱的方式说话，或者假装自己是公主、佩带宝剑的骑士、皇后或小仙子等。

拥有魔力、力量和保护别人的能力是多么愉快的一件事情。只要有一根魔杖，就能变出食物，也就不用依赖妈妈了；受伤了可以马上复原，还可以杀死坏蛋。想象一下，如果每时每刻都觉得自己无法完成任何事情，无法掌握任何技能，所有好的事物都需要倚赖他人提供，这样的感觉对一个孩子而言有多难受。孩子需要躲到一个虚构的世界里，在这个世界中，他可以担任所有的角色，处理并战胜所有的危险。有时候，孩子很难知道什么时候该停止幻想，回到外界的现实生活中。有时候，他们太沉溺于想象的游戏之中，而把日常生活中的各种事物都和游戏混淆在一起了。只要不过度干涉或控制，孩子很喜欢父母加入游戏中，他们需要成人在旁边保持适当的参与度，当游戏太吓人的时候，能够适时地进行阻止，并将他们带回现实世界。

查理和提姆在院子里玩,他们在成堆的落叶中跑来跑去。查理6岁大的哥哥彼得骑着自行车飞奔而来,跳过落叶堆,并和他们打起了一场"落叶仗",最后将两位小朋友埋在落叶堆里。因为被落叶盖住了,查理显得有点惊恐。等哥哥骑着自行车离开以后,查理爬了出来,和提姆假装在一艘船上,并在妈妈的帮助下,立起一把扫帚当桅杆。他们对于该由谁当船长有点争执,妈妈出面帮忙解决了问题。之后,他们假装自己需要划过一片有漩涡的"海洋",且不能离开船,因为四周环绕着"危险的鲨鱼群"。当妈妈喊他们进屋里吃点心时,查理看起来很担忧,请妈妈来"解救"他们,因为"鲨鱼正在追杀他们"。鲨鱼的威胁对查理而言相当真实,如果没有紧握住妈妈的手,他没有办法说服自己踏出船。

> **贴心小叮咛**
>
> 当孩子对现实世界无能为力的时候,幻想世界是他们很好的庇护所和情绪发泄处。

孩子所感受到的强烈情绪,如生气、害怕和憎恨,可能会淹没他们,且很快地流露出来。哥哥的欺负可能让查理觉得害怕和生气,或许让他想要攻击或咬哥哥。这些感受对他而言太强烈,以致无法处理。在一瞬间,查理觉得自己的周围充满了危险,尤其是想象出来的鲨鱼,似乎代表了查理气愤攻击的情绪——难怪鲨鱼会让他觉得害怕和焦虑。

吃完点心后,查理说:"我想要像彼得那样骑自行车。"妈妈建议他试试看。查理的三轮车有点大，要将车子推到小径上有点困难。当他把车子推到草地上时，因为脚一直从踏板上滑落，让他无法顺利地骑车。最后，他没好气地请妈妈帮忙推车，妈妈答应了他。妈妈抓住三轮车的车头将它拖过落叶堆，查理很凶地大叫："你从后面推！"当妈妈从后面推车时，查理则笑容满面地骑着，完全像是自己在骑三轮车，就跟哥哥一样。

或许在这个时刻，提供帮助的妈妈不在他的视线之内，他便可以相信真的是自己骑着三轮车，他是哥哥，强而有力，且不会受伤或被欺负。

要将孩子从幻想中拉出吗？

如同我们在查理的例子中看到的，父母有时候需要能够忍受自己只是一个附属于孩子的配角，好让他们觉得自己是有能力的，并可帮助他们夸耀自己的能力。当然，不能总是用这样的方式协助孩子完成事情，这会让他们误认自己拥有比实际上更多的技能，也会让他们对某些寻常的事物失去耐心，因为学习新技能有时是一个需要经历辛苦的缓慢的过程。当孩子无法忍耐挫折

> **贴心小叮咛**
>
> 父母应该试着了解什么时候该陪着孩子演戏，什么时候要将他们拉回现实。

感或认为"不知道"是一种缺点且厌恶它时,可能会在学习新技能或在学校听从老师的指令上遇到相当多的困难。为了学习其他人的经验,我们必须像孩子一样,忍受那种"不知道"的感觉。

当幻想破灭时

3岁孩子陶醉于自己快速发展的能力,有时候甚至感觉自己是无所不能的。安东尼在盖伊·福克斯之夜[1]去观看烟火表演。他的双手随着烟火表演的音乐上下舞动,就像一个指挥家,在每一次烟花散开时,他便口中呢喃着:"是我做的!"很明显,他陷入了一种幻想,想象自己是这些灿烂烟火的伟大创造者,而周围的数百人正全神贯注地欣赏着他的作品。

虽然对于自己的能力感到兴奋,但孩子仍需要大人们留意观察。当事情大得难以承受而让孩子崩溃落泪时,大人需要适时地提供帮助,让他们可以再度探索世界。

假想的朋友

有时候,孩子会创造出一个假想的朋友,来帮助他们处理遭到冷落或孤单的感受,例如,宾克(Binker)——《小熊维尼》的主人公罗宾长期受苦的同伴。

皮帕发现,在妈妈给婴儿喂奶的时候,自己没办法一个人玩

---

[1] 11月5日,英国庆祝1605年火药阴谋事件主谋盖伊·福克斯(Guy Fawkes)被捕的纪念日,在这一天晚上会放烟火。——译者注

玩具，她会消失一会儿。再出现的时候，她说她刚刚跟苏珊来了一场愉快的野餐。妈妈觉得苏珊是一个假想的朋友，便问皮帕："苏珊现在在哪里？"她会草率地表示苏珊现在去度假了，并在妈妈不停追问她去了哪里时变得有点慌张。

孩子想转移某些感觉的时候，假想的人物或毛绒玩具对他们来说是很有帮助的，特别是对于他们想要逃避的感受来说。例如，如果孩子想试着当"大姐姐"，那么她的"朋友"可能就会怕黑、怕狗或讨厌垃圾车的声音。

> **贴心小叮咛**
>
> 假想的朋友是孩子内心需求的投射。

辨别幻想与真实之间的差异

这个年纪的孩子辨识真实和恒久性的能力有很大的差异。有时候，他们相信什么事情都有可能。例如，乔希告诉妈妈："当我是女孩的时候，我要留长头发！"有时，刚满3岁的孩子会相当坚决地想要将世界塑造成他们想要的样子，而不管那符不符合现实。这通常发生在孩子面临让他担心的状况或日常生活发生变化的时候。

泰莎有一点发烧，祖母在她的医生妈妈去上班的时候负责照顾她。泰莎跟祖母说："奶奶，我妈妈是一个医生，她能让生病的小朋友快一点好。"祖母表示同意，并告诉她，因为妈妈要上班，所以祖母会照顾她。泰莎回答："那你也是一个医生！"祖母说自己不是。但泰莎坚持说："你就是有点像医生。"祖母不再坚持了，就让泰莎这样认为吧。

因为想念妈妈，泰莎必须找出一个方法来适应现实，因为这个现实状况不是她所希望的。她的方式便是将其转变成祖母就是在她生病时所需要的那个医生妈妈。

利用角色扮演处理紧张时刻

新学期开学的第一天，你会发现幼儿园里有好多小朋友都穿着带薄纱翅膀的仙子服装，挥舞着魔杖，或是带着警察的钢盔、父亲的旧公文包和玩具手机。手机可以帮助他们觉得自己和不在场的父母在情感上有所联系。这些配件和家长们允许孩子想象自己拥有特殊的能力，可以帮助孩子度过可能因为紧张而号啕大哭的时刻。

在开学的第一个月，苏西每天都穿着芭比娃娃的服装去幼儿园。当老师叫她的名字时，她总是说："我是芭比。"只要有人叫她"苏西"，她就会生气难过。此时，她似乎真的觉得自己就是芭比。幼儿园的老师们不确定要怎样处理，是该妥协改用"芭比"来称呼她？还是要强迫她接受现实的世界？最后，在与苏西的父母进行了讨论后，大家同意在早上的团体分享时间结束前，让

> **贴心小叮咛**
>
> 大人应该容许孩子用自己的方式处理紧张，但需把握适可而止及循序渐进的原则。

苏西继续玩这样的游戏。之后，她就必须脱下芭比的服装，并且"成为"苏西。这样的方式帮助苏西适应了幼儿园的环境。很快，她就不再需要她的"芭比人格"了。

对魔法产生怀疑

在这个年纪，孩子们正在发展逻辑推理判断能力，会开始对一直深信不疑的虚构故事产生怀疑。他们会质疑"牙仙子"是如何收集掉下来的乳牙的，"圣诞老人"又是如何带来礼物的。同时，孩子们也会将虚构的故事情节和自己的担忧穿插在一起。

3岁大的萝丝开始询问有关圣诞老人如何爬下烟囱的细节。她一直不停地问，让她的父母感觉萝丝似乎很兴奋，但又对半夜有个陌生人会进到家里有点焦虑。因此，萝丝的父母便告诉她，其实圣诞老人是"虚构"的，并不会真的从烟囱里爬下来。但萝丝的反应是："那圣诞老人带来的礼物怎么办？"由此我们可以看出，对萝丝来说，现实状况和虚构的故事情节之间有抵触冲突，而她还无法马上放弃心里对圣诞老人会从烟囱爬下来并带来满满一袜子礼物的信念。

幻想和善恶观念之间有何关系

孩子拥有相当丰富的幻想，可以为熟悉的人物想象出极端的版本，而且可能会比"现实中"所呈现出来的形象更完美或更吓人。这些人物（完美的"神仙教母"或可怕的巫婆）是孩子从在婴儿时期所感受到无忧无虑的满足感或极度的不舒适感中创造出来的。它们当然不像日常生活中"实际的"父母。家长可能会在无意中听到,孩子在玩"过家家"游戏时,会因为小孩不乖而受到严厉恐吓甚至被打,他们就是这样残酷地描述了父母的角色。但父母自己"真的"如同孩子在游戏中所描述的那样吗?

这些想象出来的可怕人物一部分是由孩子自己怀有敌意的感受创造出来的,一部分则是因为孩子感受到那些攻击性的想法或行为是需要被惩罚的。"罪恶感"就是这样发展出来的。当孩子拒绝承认自己所犯的错误,或是将过错推到别人身上时,我们并不能假设孩子没有善恶观念。可能是因为他们的善恶观念太严格,或他们所想象的处罚太吓人而让他们不敢去想。因此,孩子会觉得逃避责任或将过错推到别人身上是比较安全的。

然而,孩子的善恶观念其实是觉得自己的过错应该受到处罚,他们内在并没有比现实中的父母更宽容。孩子有时候会不停地故意激怒父母,让父母觉得孩子是故意讨骂。有时候,当父母达到忍受的极限时,孩子的确会成功地激怒父母,并受到严厉的惩罚。当孩子伤害到其他人时,很快会寻找到一些自我惩罚的方式,有时候是打自己或撞头,有时候是在短时间内不停地出错、跌倒或伤害自己。

孩子心目中也会有一个理想的父母形象,一个让他们努力效仿且配得上的偶像。孩子会极力取悦父母,想要获得他们的认同。让孩子知道什么会让父母高兴或不高兴,是建立规矩的有效方法。

当孩子看到父母所表现的体贴而坚定的态度，而非惩罚时，就会学着对他人产生同理心，就如同感受到了其他人是如何对待他的一样。孩子会开始后悔自己发脾气的行为，因而希望有所补偿。修理东西和当成人的小帮手，扮演警察或护士的角色，这些对孩子而言都是重要的游戏模式。

> **贴心小叮咛**
>
> 让孩子知道父母对什么事感到高兴或不高兴，是建立规矩的有效方法。

进入语言高阶班：能表达感受与对话

孩子对于词句的模仿和试着发音的愿望常常让身边的人感到有趣。比如，孩子还无法正确发音或完整地把句子说清楚，会把蝴蝶讲成"福蝶"，或坚持使用兄弟姐妹所创造出来的名字。当莫莉还是小宝宝时，她以为冰激凌就叫"一点"，因为每当经过冰激凌摊位时，爸爸妈妈就会问她："要吃'一点'吗？"诸如此类的小事渐渐变成了家里会一讲再讲的故事，在家人之间建立了幽默的纽带。

有时，当孩子对所观察到的事物直言不讳时，他们在语言上早熟的趣味和逐渐增长的表达自我的信心常常令家长感到尴尬。芮娜和妈妈一起搭公交车的时候，妈妈发现芮娜一直盯着坐在过道对面的一位老妇人。芮娜突然指着那位老妇人大声地说:"妈!她的鼻子上有一个好大的痘痘(疣),就像《桃子、李子和梅子》(*Each Peach Pear Plum*)故事书里的人,她也穿了一样的黑色长袜,还有……"妈妈轻声地让芮娜讲话小声一点,以免打扰到其他的乘客。虽然芮娜的妈妈觉得很尴尬,但她并没有责骂芮娜,仅是对着老妇人抱歉地微笑了一下。

3岁大的孩子喜欢自己发明词句,谈论着"摇晃的"头发(长发飘逸)。他们会利用自己的推理能力,创造出具有逻辑性的词句,例如"最高好(goodest)"和"最高漂亮(beautifulest)"。对于孩子而言,能够不害羞地、随意地使用新的词句非常重要。曾经遭到严厉纠正的孩子或那些无法接受自己犯错的孩子,可能会在确定自己说出来的是正确的词句之前,拒绝开口说话。他们的身边需要有能够与他们交谈或是回答问题的其他孩子或大人。

语言也是一种让孩子们理解周遭世界、自我经验和情感的方式。当孩子可以将想法和感受利用语言表达出来并说出心里话时,便在发展上向前跃进了一大步。孩子的思考能力和理解自我经验的能力会展现在利用口语表达自己的才能上。

倘若孩子很难过或很兴奋,他们的感觉可能太强烈,以至要用奔跑、敲打或尖叫的方式发泄出来。但冷静下来之后,在大人的协助下,孩子可能会用语言说出他们的感受。

对于阿萨夫而言,幼儿园的午餐时间很难熬。主要负责照顾他的老师请了病假,在没有其他大人看到的情况下,一个孩子从他的盘子里拿走了一根胡萝卜。负责配餐的工作人员也不知道阿萨夫不喜欢把不同的食物混在一起,因此在他的腌梨片上放了一匙酸奶。阿萨夫离开座位,看了四周一下,出其不意地将一碗沙拉倒在了另外一个小朋友的头上。负责的老师明显地表现出了不悦。经过一番威胁利诱,阿萨夫仍拒绝道歉或帮忙收拾残局。阿萨夫离开了混乱的现场,躺在地上。最后,在将现场清理干净和安抚了被欺负的小朋友之后,老师来到阿萨夫身边,和他谈话:

> **贴心小叮咛**
>
> 能够用语言表达感受是幼儿成长的一大步。

老　师:你在生气吗?

阿萨夫:你说呀!

老　师:你为什么把沙拉倒在人家头上?你那时候很生气吗?

阿萨夫:你在1小时之前就惹我生气了。

老　师:我做了什么让你生气?

阿萨夫:你给了我一坨白色的大便。

老　师:你不想要酸奶,是不是?

阿萨夫:我只想要梨子。

老　师:那你现在还在生我的气吗?

阿萨夫:我想要你抱抱我。(老师向阿萨夫靠近了一点。)

>阿萨夫：不是现在！我刚才想要你这样做，但是你没有。

阿萨夫无法控制惊吓和生气的感觉，便将这样的感觉通过一碗沙拉转移到另一个小朋友身上。他感觉老师误解、轻视了他，于是通过漠视所有请他帮忙清理的要求来传达这样的感受。当老师表现出愿意理解他的这个行为背后的意义时，阿萨夫终于可以用言语来表达和分享他的感觉了。

当阿萨夫一再体验到他人能理解他的感受时，便可以逐渐学会用语言来表达自己的感觉，且慢慢消除了无来由地攻击其他小朋友的行为。

好奇心和问问题

绝大多数的孩子都有满满的好奇心，会热切地探索空间、大小、体积和距离。他们想知道不同材质之间的差异，想了解不一样的声音以及是什么东西发出了这样的声音。他们对于事物的运作方式很感兴趣，包括人体，希望了解这东西里面有些什么。无论是一辆汽车、一台机器还是一个人。他们会伸出"天线"接收大人对话的片段，观察身边事物的变化并提出了问题。

探索和试着去理解所存在的世界，孩子在这方面的兴趣多少有赖于本身的气质，不过若父母对孩子及其正在发展的心智有兴趣，也会有所影响。如果父母在婴儿时期尽全力去理解孩子的行为并和孩子充分沟通，他们便会吸收这愿意理解和学习的热情，而且通过这个方式,孩子所发展出的对世界的好奇心会较为健康。他们的问题可能有些直截了当、令人尴尬,例如在不合时宜的时刻问到小婴儿是如何生出来的,或父母之间的性关系,或关于死亡的话题。他们也可能问到一些没有标准答案的抽象问题,例如,"我在生出来之前在哪里?"家长可能无法马上或完整地回答这些问题,但重要的是,要让孩子知道父母很重视他们所问的问题,且愿意对孩子感兴趣的事物有所回应。

　　有时候,无止境的问题和"为什么"似乎是孩子延续对话的方式,这可以吸引大人的注意力,也让其他兄弟姐妹不能靠近。孩子们会对大人"紧追不放地"问问题,尤其是在没有安全感的时候。薇琪跟干妈出去玩了一天,干妈决定在送薇琪回家之前去拜访几位朋友,一起喝茶。当干妈告诉薇琪有关行程的变动时,她的反应是:"为什么?"然而,进一步的解释触发了更多的问题。最后,干妈明白了,理性的答案并没有任何帮助。相反,干妈向薇琪保证,她妈妈知道行程的改变,妈妈会在家里等她,薇琪一回到家就会看到妈妈了。薇琪松了一口气——她其实对解释并不感兴趣,不过她紧抓住了干妈的注意力,直到大人了解到她怕看不到妈妈的担忧。

> **贴心小叮咛**
>
> 3岁的幼儿很喜欢通过问"为什么"来吸引大人的注意。

第二章
家庭亲密网

爸爸、妈妈和孩子是家庭中的三角关系，互相争宠吃醋，这是很微妙的情感纠结，叫作"俄狄浦斯情结"。父母该如何面对这样的情结和处理孩子的嫉妒呢？

亲子有亲子的关系，夫妻有夫妻的关系，该如何拿捏？如何设下界限？

训练孩子独睡，还给父母一个亲密空间，知易行难，该如何做呢？

父母管教孩子的方式是完全一致好，还是各司其职好呢？

单亲家庭的孩子会面对情感失落的困扰，父母怎么做才是真正地对孩子好。

家庭中的三角关系

父母、核心家庭成员和家是3岁孩子的世界中心。他可能会向外探索而去幼儿园，或偶尔与较为陌生的人有些互动。不过，孩子最强烈的情感还是维系在父母身上。他们已经在一起相处相当长的时间了，且一起达成了某些重要的里程碑，如踏出第一步和说第一句话。无论是否遭遇了困难，都顺利度过了早期的丧失，如断奶或当妈妈需要回到工作岗位时的分离。

> **贴心小叮咛**
>
> 父母、核心家庭成员和家是3岁孩子的世界中心。

3岁的时候，孩子对于父母的感受已经历过许多变化和起伏了，有些与父亲有关，有些与母亲相关。有时候，这两个人是可爱且令人尊敬的，有时候又令人愤恨而嫉妒。如果还有其他兄弟姐妹，两个孩子可能会不时地"联合起来"对付父母。无论父母住不住在一起，孩子都会在某种程度隐约感受到父母之间有着个别的和私人的关系，而他并不在这个关系当中。3岁的孩子很清楚地知道父母是一对"夫妻"。他会对这段关系产生嫉妒之情，而且知道自己被排除在这段关系之外。如果父母相拥地坐在沙发上，他就会挤在两人之间。

孩子会对自己身为小孩的限制感到生气和挫败,而渴望拥有像爸爸一样的力量和能力,或像妈妈一样可以源源不断地提供食物、关爱和美丽。对于这个年纪(甚至年纪更小一点)的小女孩来说,幻想着摆脱妈妈、让自己可以完全拥有爸爸,是非常正常的;小男孩也常常热情地拥抱妈妈,同时瞪视爸爸,好像是要告诉他:"离远点,她是我的!"

俄狄浦斯情结

"俄狄浦斯情结"——这个现在众所皆知的情感模式是由弗洛伊德发现的。他让我们注意到了孩子与异性父母的情感纠结。弗洛伊德通过古希腊神话故事来阐述他的论点。这个故事描述了俄狄浦斯在不知情的情况下杀死了父亲,并且娶了母亲为妻。俄狄浦斯情结并不是指这个故事字面的意思,而是简洁地描述了孩子对于同性父母的嫉妒和对异性父母的渴望。这让孩子希望能够摆脱(或是"消灭")与其竞争的对手——这个与他争夺父亲或母亲关爱的对象。这就是大家所知道的俄狄浦斯情结。这不见得是有意识的想法,更可能是当孩子想要占有父母中的一方而排挤另一方时伴随而来的想象。

绝大多数的家长都听过孩子对父母中的一方说出这样的爱的宣言:"等我长大以后,我要娶你/嫁给你!"而忽略了这个人已经结婚了的事实。被排挤的父亲/母亲可能会觉得很受伤,并且生气地有所回应。我们必须考虑到孩子是为了让他人了解自己

> **贴心小叮咛**
>
> 俄狄浦斯情结是指孩子与异性父母的情感纠结，比如儿子偏爱妈妈，女儿则偏爱爸爸。

的感受，从而会利用各种方式来让其他人跟他有一样的感受。因此，孩子将被父母排除在外的受伤感受传递给了那个被排挤的父亲或母亲，这样父亲或母亲便可以体会自己的感受了。孩子的行为似乎在说："让他也尝尝被排挤的滋味吧！"

尼可和父母每逢周日都会到郊外玩，而这也是一周中最快乐的一天。天气逐渐暖和的时候，他们有时候会去河里游泳。有一次，妈妈脱下内衣和内裤，快速地在水里泡了一下。当妈妈起身的时候，尼可跑向她，摸了一下妈妈的内衣，且充满渴望地说："喔！我真喜欢胸部，她是多么的漂亮！"妈妈回答他："你也是我漂亮的儿子！"当他们准备开车回家时，尼可要求坐在前座上，要坐在妈妈旁边，并且命令爸爸"去坐小孩应该坐的后座"。他的爸妈感到相当不解，因为尼可以前从来没有对坐前座这么有兴趣。但他们立场坚定，坚持让尼可坐在儿童汽车座椅里，并绑好了安全带，因为这样对他来说才是最安全的。

对母亲有情色的感受

我们可以发现，看到母亲裸露部分身体，很快激起了尼可的热情。这样的状况似乎唤起了尼克早期对于母亲的记忆——他还是婴儿时在母亲胸前的经验——他一边凝视着母亲的眼睛（妈妈也注视着他），一边吸吮着她的乳房且感受到温暖的乳汁充盈着自己。这些早期的母婴亲密感仍会存留在孩子心中，也会帮助他们减轻遇到挫折或困难时的冲击。这样的早期感官感受和高涨强烈的俄狄浦斯情结融合，便引起了尼可对母亲的热情，使得他坚持要跟妈妈坐在前座，以表达想要取代父亲的意图。

相信吗？嫉妒会导致睡眠障碍

孩子的嫉妒和激动的情绪荡到高点时，会让他们在睡眠上遇到困难。父母常常会抱怨，孩子似乎有本事"知道"大人何时想要享受两人亲密的时光，然后就会选在那个时候出现在房门口或是吵着要喝牛奶。没有明确原因而会在夜里醒来很多次的孩子也有可能是在晚上起来检查父母在做什么，尤其是在大人讨论要不要再生一个孩子的时期。

> **贴心小叮咛**
>
> 当大人讨论要不要生下一个孩子的时候，3岁幼儿常会出现一些让大人伤脑筋的行为。

3岁的潘妮以往是一个睡觉很沉的孩子，最近她开始一个晚上醒来三四次，每次都喊着要爸爸。在这段时间，潘妮最喜欢的活动是穿戴妈妈的帽子和鞋子，有时候还会画一点妆。妈妈发现，潘妮通常会在傍晚爸爸快回到家时装扮自己。爸爸进门的时候，她会抢在妈妈和1岁弟弟唐尼之前飞奔到门口，拉着爸爸的手，给他看她最新的画作（潘妮在其中一张画里把妈妈画得很小，像一个小女孩，而把自己和爸爸画得一样大，并且在手牵手）。

有一天，就在爸爸快到家的时候，潘妮想要去尿尿。但她花了很长时间也解不开扣子，然后就尿湿了裤子。爸爸回到家的时候，看到的是心烦意乱的女儿。妈妈帮潘妮清理的时候，她哭得很凶，而且不愿意看着爸爸。

另一天傍晚，潘妮给爸妈看了一张她刚画好的画，这张画上画满了不一样的形状：三角形、圆形和方形。她跟他们说，她最喜欢的形状是圆形，画得最糟糕的是三角形。快要去睡觉的时候，潘妮问妈妈可不可以戴她的结婚戒指，妈妈答应了。她用一个从摸彩福袋里得到的戒指跟妈妈做了交换。然后，她去找爸爸，四肢摊开地躺在他的腿上，并说道："我现在跟爸爸结婚了，妈妈是唐的，爸爸是我的！"

我们可以看出圆形如此吸引潘妮的原因：它外周圆滑，给人连贯及相似的感觉；然而三角形的三个角似乎诉说着："三代表拥挤的人群！"潘妮的父母将发生的事件全都联系在一起，怀疑她晚上之所以会醒来，可能与现在正经历的阶段有关。针对这个问题共同进行讨论以及有了关于这个新行为的根本原因的看法，帮助父母更谅解潘妮了。因此,潘妮的父母在向对方表达情感时,会小心地避免引起她的嫉妒情绪,并继续坚持让她晚上睡在自己的小床上,而且在她起床的时候,爸妈会轮流去照顾她。过了不久,潘妮的睡眠状态便慢慢有了改善。

小孩一个人睡,不公平

绝大多数孩子都觉得父母的床才是世界上最好、最舒服的,常常希望能够蜷曲于这特别的所在。孩子认为父母的床上有某种神秘的故事。3岁大的泰莎倒在父母的床上说:"这是一张大床。"妈妈回答说,因为这张床需要放得下两个人,爸爸和妈妈。泰莎说:"可是我也想要有这样的大床。"妈妈解释说,等她长大以后,结了婚也会跟她未来的先生有一张大床。泰莎回答:"是啊,跟汤姆(她爸爸的名字)一起!"

泰莎直呼了爸爸的名字"汤姆",而不是叫爸爸,似乎想要模糊父母与孩子之间的界限,并且希望自己能够在这场争夺父亲的战争中占些许优势。

孩子常常会抱怨不公平,为什么自己必须一个人睡在小床上,而父母可以相互陪伴地睡在一张大床上。毕竟,就像泰莎后来说的,"为什么一个小女孩必须自己睡,而两个'大人'可以有对方做伴!"

孩子通常会大声地抱怨事情的不公平,而且对事物的公平性相当敏感,如:食物、礼物和注意力的分配。这可能是因为尽管自己的能力和技能在不停增长,孩子还是要依赖照顾他们的大人来支持和养育他们。父母之间是那种独占对方的关系,而自己又不在其中,这可能是引起这种不公平感觉的原因。

孩子一直跟父母睡,好吗?

孩子若是知道太多关于父母的性生活的事,大人最好能意识到孩子了解这件事情后所带来的刺激和可能的麻烦。他们需要知道这个区域的存在,以证明父母之间是相爱的,但不需要真的看到或听到什么。

父母发现自己在与3岁孩子共浴或裸身在家中走动方面会变得更加小心。这不是说家长需要建立较为神经质的态度,意识到裸露和身体功能对孩子的影响。而是说父母常常会注意到,对于一个还无法处理这些场景所激发的感受的孩子来说,情况将变得多么具有刺激性。当父母中有一人不在家的时候,让孩子睡在"爸爸睡的那一边"是相当吸引人的,这可以让孩子幻想这次是真的摆脱了父亲(虽然他很清楚地知道,爸爸只是去工作了),自己可以一个人拥有妈妈了。这也适用于与孩子性别相同的家长,或是单亲父母。单亲家长和

> **贴心小叮咛**
>
> 父母要敏感地意识到3岁幼儿已经对裸露的身体有所感觉了。可以让孩子理解父母有性生活这件事,但不必让他们真的听到或看到什么。

孩子共睡一张床可能会令人觉得安慰。不过这也可能给3岁的孩子造成困扰。在他的幻想世界中，他可能会觉得自己睡在妈妈身边的那个位置是理所应当的。

无论是否真的有伴侣，对单亲家长而言，让孩子在心中认为父母才是一对很重要，而且要让孩子觉得单身妈妈是可能有伴侣的。他必须知道他的位置并不在父母的房间里，而在他自己的房里。若孩子跟单亲父母睡在同一张床上，当有一位伴侣出现了，或爸爸偶尔留下来过夜时，他就会有很糟糕的反应，因为他会觉得自己被赶离了自己应该在的位置。

父母需要偶尔离开孩子，享受二人世界

所有父母都需要在照顾孩子的过程中保有自己的休息空当，来补充能量，恢复精神和培养父母二人之间的感情。至少，如果晚上不停地遭受打扰，他们会试着弄清楚孩子睡不好的真正原因。确保家长和孩子都有受保护的休息空间，这对身体健康很重要。

当孩子3岁的时候，家长可能有机会将孩子拜托给亲戚朋友或保姆暂时照顾，时间不要太长，例如，一周当中有几小时。这是父母缓口气的机会。雇用临时保姆要考虑对方是否愿意看顾整个周末（或仅一个晚上），且需要完善的事先准备。临时保姆可能

需要住到家里，以便孩子处在熟悉的环境中，并保持原本的日常活动。这个年纪的孩子对于时间长短的理解能力尚未发展完全，他们可能需要日历的帮助，清楚地标示在哪些日子里，爸妈不在家，以及他们会在哪一天回来。孩子对父母不在家的时间长短的感受才是最重要的。爸妈可能只离开了几天，但孩子开始觉得他们永远都不会回来了。对孩子而言，父母短时间地离开是比较容易接受的，离开一周或更长时间就比较难以适应了。

我以为孩子会很高兴看到我们回来呢

孩子可能在父母不在的时候适应得不错。但是当父母归来时，孩子可能会表现出之前所承担的紧张，或少了平时的活泼朝气。他可能会转身离开，或冷漠地对待父母的问候，来表达对自己被撇下的怒气。爸妈应该继续表示友善和欢迎孩子，忽视他们冷若冰霜的反应。很快，亲子关系就会恢复到和之前一样了。

如果家长离开了一阵子（假设是去上班了），回来时，3岁的孩子可能不会急忙跑去迎接，反而可能把自己藏起来，然后需要爸妈去找他。孩子想要爸爸来找他，这样爸爸就可以体会一下想念某人以及等待某人重新出现的感受了。如果家长可以用幽默的态度来看待，并把这个活动变成捉迷藏的游戏，便可以重新建立孩子与父母之间的信赖感。

莎莉玛和妈妈烤了一个巧克力蛋糕当点心，当爸爸下班回到家时，莎莉玛说的第一件事情是："我们今天烤了一个好好吃的蛋糕,但都吃完了,一点也没有留给你!"事实上,并没有人碰过蛋糕,不过,莎莉玛已经达到目的了。在这一整天当中,她和爸爸相处的机会被剥夺了,所以她觉得也要让爸爸感受到失去了某样同样特殊的东西才算是公平。父亲从容地接受了这样的事情,并在吃过晚餐后,把莎莉玛抱在腿上,读了她最喜欢的故事书给她听。

我要像爸爸妈妈一样

虽然孩子有自己的气质和个性,但家长还是会对孩子未来会成为什么样的人具有关键性的影响。杰克的妈妈描述了杰克是如何对清洗窗户的工人着迷的,描述了他和修理洗碗机的工人的闲聊,跟着这些人在房子里跑来跑去,还坚持要和他们一起吃午餐。他似乎把这些人和爸爸联系在了一起,可能还想象着如果自己变成爸爸的样子,会有什么样的感觉。不过,杰克也兴致盎然地观察着妈妈。

妈妈在烤一个蓝莓派,并给了杰克一个玩具烤箱和一些食物玩。杰克在桌上拿了一条小方巾,用它小心地拿起他的玩具烤盘,就像妈妈做的那样。他握着烤盘的边缘走向玩具烤箱,打开烤箱的门,小心翼翼地把烤盘放进去,设定好时间,并自言自语道:"现在把派放进去了,应该不需要太久的时间吧,派!派!

派!"他回到桌子旁边,开始整理混在一起的碗,并轻声地哼着他的"派之歌"。他用玩具盘子布置桌子,并宣布派烤好了。他用刀子沿着烤盘的边缘切开,确认派不会黏住,可以从烤盘中拿出来。当杰克把派从烤盘里拿出来时,可以感受到他真的非常开心,就好像认为自己是"一边唱歌,一边烤派的妈妈"。

杰克一定观察了这个活动的细节很多次,他看来不仅是吸收了妈妈烤派的方法,还有她在这件事情上静心专注的态度,以及她对做出好东西的那种喜悦感。杰克之所以能够这样关心和专注于正在从事的活动,一定是长时间以来得到了父母或其他亲近的人所给予的同样的关注。利用这样的方式,他可以认同愉快的专注态度。最后,这些特质会成为他正在发展中的人格的一部分。知道自己可以有这样的快乐经验,以及可以让自己很有创造力,对他是很有益处的,且可以让他对生活怀抱着乐观的看法。至少,当事情出错时,或面对生活中寻常的挫折或混乱时,在他的内心深处仍有一些东西是可以依靠的。

> **贴心小叮咛**
>
> 影响孩子长大后成为什么样的人的,除了孩子本身的气质和个性外,父母也是一个重要因素。

孩子需要一个可以学习和欣赏的家长角色。虽然家长不太可能一直都以值得赞赏的方式表现,不过作为一个模仿对象,父母通常会让孩子们得到足够好的经验。一个小男孩要是觉得父亲是与他争夺母亲的竞争对手,那么当父亲无法胜任某些事情或是犯了错的时候，他会显得相当得意。写给儿童的故事有时候会夸大这样的想法，来显示父母（或其中一位）是无能的（而将另外一位描写成自鸣得意的样子）或是不可信赖的。这些书籍可能有趣而好笑，但是能清楚地传达一个需求：孩子喜欢看到全能的父母扮演愚笨的角色。"美国儿童行为教育之父"博丹夫妇（Stan & Jan Berenstain）所写的《贝贝熊系列之学骑车》（*The Bike Lesson*）描述了这样的情景：熊爸爸想要教儿子如何骑自行车，但每一件事情都错了。结果，这堂课变成了一堂学习"不要"如何骑自行车的课。

> **贴心小叮咛**
>
> 父母经常是孩子模仿的对象，你怎么做，孩子就会怎么学。

爸爸妈妈不要吵架，我怕怕

照顾一个或多个5岁以下的孩子，还要相处融洽，这对父母而言是相当辛苦的。父母二人可能会睡眠不足，又要试着完成工作和生活中的各项事务，而且很难找得到时间和空间让两人轻松地单独相处。父母随着生活中的起起落落而表现出的和谐最让孩子有安全感。当孩子嫉妒爸妈间的亲密关系时，如果发现他们看对方不顺眼，甚至会互相嘶吼，孩子会变得焦虑，觉得不安和不被重视。因为他们认为父母应该是相爱的一对，对父母的混杂感受会让孩子觉得自己应该对爸妈之间不好的气氛负责，好像担心他们曾经希望父母分开的愿望可能会实现一样。

3岁大的帕特里克坐在厨房里。这时,他妈妈走了进来,并把外套递给帕特里克,且烦躁地告诉他:"去跟你爸说,我找到你的外套了。"然后低声地说:"因为我不要跟他讲话。"爸爸走进厨房,问是在哪里找到外套的,妈妈没有任何回应。帕特里克后来离开了厨房,突然间呼喊妈妈,告诉她楼梯很可怕,妈妈牵着他走上楼梯后,帕特里克要和妈妈一起玩"医生和病人"的游戏,他坚持说妈妈"受伤了"。他让妈妈坐在他的懒人椅上,把妈妈的牛仔裤卷起来露出小腿,用棉花球轻拍妈妈膝盖上"假装的"伤口,说要帮她打一针,而且这是很"危险"的一针。

帕特里克可能不经意听到了妈妈对爸爸的评价,感受到了父母之间"危险"的紧张气氛。他可能感受到这两个有能力的大人在那天似乎像敌人一样,可能会对对方做出可怕的事情。如果这样的事情发生了,他们会把他留在哪里呢?这或许就是为什么帕特里克突然感觉到恐惧的原因。他试着替妈妈生气找一个显而易见的理由,因此创造出了膝盖上的伤口,然后把自己当成医生,扮演一个可以解决所有事情的角色。

父母最好既是严父也是慈母

虽然每位父母教养孩子的方式都会依照个人风格和个性而有所不同,但孩子需要能够感受到父母既担任了温柔抚慰的角色,同时也是有坚持、有原则的。有时候,父母在角色上会有所分别,一位扮演着坚持的、有设限的角色;另一位则是负责安抚和哺育孩子。面对角色分配得如此清楚会让孩子感到迷惑,若是家长可以同时扮演这两种角色,他们会觉得比较安心。因为如此一来,每一位家长都可以给孩子提供这两种方式的照顾,就不用依赖其中一位了。

有些家长在很努力地确保孩子知道他们中的任何一位都可以提供坚持与和蔼这两种态度;但对某些家长而言,这是比较困难的。同样地,有些单亲家长可以同时扮演这两种角色,但对其他一些单亲父母而言,既要做"严父",又要当"慈母",可能不太容易。

你中了孩子的"挑拨离间"计吗?

孩子相当擅长在父母之间"挑拨离间",想要造成大人的愤怒和口角,尤其当他们认为父母中的一位比较宠爱或溺爱自己,而另一位比较严格的时候。如果父母双方都能珍惜和感激对方,还较容易忍受不时被拒绝的痛苦感受。孩子有段时期可能会指定父母中的一方送他上床睡觉,而这个被"选中"的人可能会暗自欣喜,觉得自己赢了另一半。偶尔,我们都会有幼稚的感受,会竞争孩子对我们的喜爱。父母间较不受孩子喜爱的一方可能要稍微忍受一下。但不见得凡事都要配合孩子的要求。如果孩子最后证明了是父母而非自己对于目前的状况有掌控权,他们反而会觉得安心。

若父母相互尊重,也尊重孩子,且以细心体贴的方式与别人相处，孩子便会从父母身上学到如何尊重他人的感受。如果父母中有一方总是批评奚落或诋毁另一方，就会影响孩子对后者的认同感。他们可能不想站在"输的这一边"，因此觉得有必要加入挑剔苛求或嘲笑的行列。

孩子被不同的管教方式给搞乱了

有时候，家庭成员对孩子的管教方式有着极其不同的看法。比如，其中一位家长坚信严父出孝子，于是在孩子眼中就成了会处罚孩子的"坏爸爸"；而另外一位家长采取了要宠爱孩子的态度，于是在孩子眼中就成了会"溺爱"孩子的"软心肠"的好人。另外，爷爷奶奶们也可能对孩子的管教方式有不一样的意见。倘若他们一起加入，情况会变得更复杂。不同的管教方式会给孩子造成疑惑和担忧，因为照顾他们的大人们传达出了不同的讯息，而在试着理解这些令人困惑的混杂讯息时，孩子可能会表现出苦恼和焦虑。

> **贴心小叮咛**
>
> 大人们，请尽量统一管教的方式，否则孩子会无所适从。

3岁的安德鲁由爸爸妈妈、爷爷奶奶和姥姥姥爷轮流照顾，因为这些大人们的管教方式大不相同，他开始显得很苦恼，会有敲头的行为和难以安抚的怒气。

爸爸非常严格，对一个3岁的孩子而言，他对安德鲁的期望相当高。只要爸爸举起一根手指或提高音量，安德鲁就很害怕，会马上停止手上正在进行的动作。相反，妈妈讨厌打断安德鲁正在进行的活动，她允许他把包里的东西都倒在客厅地板上，或是搜刮冰箱里的食物，或在身后留下一片狼藉。妈妈对待安德鲁的方式像对待一个年纪比较小的孩子。只要他一哭，妈妈就会给他一条毛巾让他握着。无论他们去到哪里，都会带着这条毛巾。爸爸坚持设定严格的规矩和固定的日常活动，要是安德鲁不愿去睡觉，是会受处罚的。但是，妈妈并不认同定时用餐或准时上床这种方式，她觉得"安德鲁往后的时间都得遵行固定的日常活动，但现在的他只是一个孩子"，他可以在"想要去睡"的时候再去睡觉，有时候甚至可以在客厅睡着，然后被抱上床。安德鲁觉得对妈妈可以为所欲为、予取予求，且没有任何限制或约束；但同时，他很畏惧爸爸，而且和爸爸有距离感。因此，当照顾者换人的时候，他得不停地适应不同的期望，以致无法放松或专心地玩游戏。

我们可以想象管教方式的极端差异如何导致了安德鲁的疑惑和担忧，而让他形成了松散的行为模式。

联合阵线应一起面对孩子的问题

莎莉和约翰带着3岁的马丁在希腊度假，并租了一部车来环岛游。他们找到了一处看起来很安全的美丽沙滩，准备下水游泳。在爸妈换衣服的时候，马丁在浅滩处拍打着水花，不耐烦地想要快点下水。妈妈请他等一下,因为他们并不熟悉这片海滩,不能让他一个人下水,但爸爸不认同妈妈的看法,还叫她不要一天到晚穷担心。在他们争吵的时候,马丁跑进了海里。突然间,爸妈听到他一声尖叫,马丁下水的地方刚好是一片石头,上面布满了海胆,他被海胆刺伤了。他们迅速将因疼痛而不停尖叫的马丁送到了最近的城镇,找到了一个会说一点英语的医生,请医生帮忙把刺挑出来。

莎莉和约翰相当紧张焦虑,不过现在不是互相指责"我早就说过了吧"的时候。马丁哭着要爸爸握着他的手,而不是妈妈。此时,尽管妈妈觉得不公平,毕竟是她说下水前要先熟悉海边的情况的,但她必须忍住自己孩子气的感受。在医生帮马丁打过针之后,约翰握着马丁的手安抚他,妈妈站在床尾,拿着他最喜欢的巴斯光年玩具,告诉它马丁的脚到底发生了什么事情,还用巴斯光年搞笑,说了一些安抚的话。马丁虽然很难过,不过可以好好地应付这场磨难,他的父母合作无间地共同包容了他,利用抚慰的话语"从头到脚"地支持着他。

▎单亲的爸爸或妈妈,孩子还是你的

绝大多数的单亲家长都是妈妈,通常都独自和孩子住在一起。这有时是因为别无选择,有时则是因为和另一半的关系破裂。有些孩子从来没有见过父亲，但有些爸爸仍然是孩子生命中重要的角色。孩子们和爸爸接触的质量和频率有很大的差异，这些取决于家长间是否还保有足够好的关系，允许对方定期持续地探望。如果家中的气氛一直很紧张或有暴力行为，分居应该是一种解脱，但探视孩子的安排可能就成了另一个战场。

到了3岁的时候，孩子会发现有些朋友的父亲是住在家里的，于是他会开始对不在家的爸爸产生疑问。对于单亲妈妈而言，如果分开的过程相当不留情面或是充满暴力，那么要不显露自己对前夫的愤怒和痛苦的感受，同时还要提供足够的讯息给孩子，是相当困难的。孩子可能也会学妈妈用这样的态度对待爸爸，让他成为不值得相信或是可怕的人。孩子可能会想象自己需要对父母分开负责任，如果自己乖一点，或更可爱一点，或许爸爸就不会离开了。这有可能影响孩子的自尊心。父母可以把遇到的难题对孩子据实以告，同时表明孩子在爸妈分开这件事情上没有扮演任何角色。有时候，当孩子想念缺席的父母时，在幼儿园里会变得焦躁不安和无法专心，尤其是当对方的探视无法持续或会失约时，他们会相当焦虑，不知道爸爸（或妈妈）会不会回来看他们，或什么时候会来。如果孩子失望了，主要的照顾者就得收拾残局。

嘉比在幼儿园里遇到了一些问题。在"围圈讨

贴心小叮咛

父母虽然不住在一起，但还是要以孩子的利益为优先考量，照顾孩子的心灵。

论"(孩子们围成圈圈坐下来安静地听故事,或是和老师一起讨论问题)时,她不肯安静地坐下来或无法专心,而导致集体讨论中断。在她爸爸应该来幼儿园接她的那几天,嘉比很难安静下来玩游戏,会不停地站起来望向窗外,看爸爸的车子是否来了。幼儿园的老师发现嘉比花了很多时间在做手工的桌子上剪剪贴贴,把纸片贴在一起,而且还要再确定这些粘贴好的纸片不会掉落。一天,嘉比不肯让照顾她的老师离开桌子,还试着用透明胶带把老师固定在椅子上。在教师会议上,老师把观察到的嘉比的状况提出来讨论,大家怀疑嘉比对粘贴的喜好和要把老师粘在椅子上的决心可能和她担心父亲不可靠有关系,她可能希望把爸爸"粘在"自己的身边,确定父亲在答应来接她的时候能准时出现。或许,嘉比不知道要怎样用言语表达自己的感觉,便利用和幼儿园老师的互动,来表达希望重要的人物可以留在自己身边的愿望。所有老师都同意嘉比的不确定感会影响她在团体讨论活动中的专心程度。但这个状况让嘉比的妈妈有点尴尬,她觉得如果严格要求爸爸,或是不断地找他麻烦,他就更不愿意来探望嘉比了。然而,在一次家长会谈之后,幼儿园老师强调了嘉比对爸爸到底会不会来接自己、什么时候会来感到相当焦虑。之后,父亲为了准时来接嘉比做了更大的努力;在可能迟到时,会先跟幼儿园联络。渐渐地,嘉比变得比较稳定了,比较能够专心、放松地参与幼儿园里的各项活动了。

第三章
家中新成员

妈妈怀孕对家中的幼儿来说是宇宙超级无敌大事，不确定妈妈在面对新宝宝带来的挑战时，会不会因为要照顾新生儿而疏忽了自己？还会不会爱自己呢？

3岁幼儿会通过不乖或找麻烦、搞破坏及欺负弟弟妹妹等行为来测试父母，或是寻求解答以及掩饰他们的不安。

他们这时候对小婴儿是怎么来的相当感兴趣。

关于如何帮助幼儿适应家中的新成员，本章呈现了一个真实的案例，通过两位母亲的对话，我们可以身临其境地感受孩子与母亲之间的情绪起伏和心理转折。

怀孕这件大事

决定怀孕

无论是要不要再怀孕,或是想要什么时候准备怀孕,都不是一个轻松的决定。3岁的孩子通常正处在一个专横而充满怒气的阶段,当家中有这样的孩子时,爸妈常常会说:"我们不敢想象再生一个小孩,这一个就够了!""我们不会这样对待她,她现在就已经很爱吃醋了,有个弟弟或妹妹只会让事情更糟。"反过来,家长也可能这样表达想要第二个孩子的理由:"为了她好,这样她就不会是独生女了"。根据家中现在的孩子的行为或需要来决定要或不要添加新的家庭成员,会给孩子造成负担。

事实上,孩子很可能对新生儿产生混杂的感受,而他们自己却意识不到或无法用语言表达。即使新生儿还没有诞生,在孩子心里面,也可能有小婴儿的位置——他们会看到朋友们的妈妈生小孩,而且好奇家里会发生什么事情。有时候,孩子会故意用挑拨离间的行为分离父母,或是让父母互相对立,然后他们就会吵架,就没有心情亲热了。不过,如果孩子觉得自己需要对阻止爸妈生小宝宝负起责任,他们也会担心起来。他们分辨想象和现实的能力逐渐增长,但有时候也会因为压力而对自己到底有多少力量感到困惑。如果家长自行决定要再生一个小婴儿,他就会觉得松了一口气。因为一个健康的婴儿的诞生会让孩子确认自己的力量是有限的，毕竟，自己仍然只是一个小孩，重要的事情还是需要大人来决定的。这样一来，便能够帮助孩子分辨幻想和现实。相反地，若是新生儿不幸流产，或是出生时受了伤或生了病，孩子就会以为他自己想要伤害或想要摆脱新生儿的幻想成真了，他会相信自己拥有这种毁灭的力量，并且感到害怕。如果父母发现孩子对于愿望的实现产生了罪恶感或焦虑，应当给予孩子适当的理解和安慰，好让他们安心。

> **贴心小叮咛**
>
> 如果父母发现孩子因心中不好的愿望实现了而产生罪恶感或焦虑，请给予适当的理解和安慰，让他们安心。

终止怀孕

有时，父母会因为各种原因决定终止怀孕，但往往不太会直接告诉孩子。不过孩子还是可能从家里的氛围或对话中，尤其是从刚失去胎儿的妈妈身上发现问题。

当家长担心或发现孩子有某些突发的或跟平常不同的行为时，有时候需要寻求专业人士的建议。很多儿童咨询诊所提供了类似的服务，可以帮助有5岁以下孩子的家庭做简单的咨询服务。几次会谈后，应可协助家庭回到正常的生活步调中。

内维尔太太带着她的孩子戴伦来到幼儿咨询中心，因为她最近发现戴伦说话会结巴。在我跟他们进行会谈时，我发现妈妈相当疲倦，而且情绪低落。戴伦开始玩玩具，但不能安定下来。他不停地跑向妈妈，拉着她的袖子，很急切地、结结巴巴地说，"你，你，你……一定要，一定要，我……我……我……"他似乎想叫妈妈过去看他正在玩的玩具，不过妈妈好像没有心情，也不是那么感兴趣。我发现当戴伦在玩动物玩具时，并不会结巴，只有当他想要吸引妈妈的注意时才会。我问内维尔太太，最近有没有发生什么特别的事情，让她这样心神不宁，因为戴伦看起来似乎从来没有这般努力地吸引她的注意力。我开始想，戴伦最近的结巴是不是一种方法——当他气急败坏地说话时，可以强迫妈妈放下手边的事情，听他讲话。这是他为了将妈妈拉出低落的情绪而占据她的注意力所做出的努力。

> **贴心小叮咛**
>
> 当家长担心或发现孩子有某些突发的或跟平时不一样的行为时，可在必要时寻求专业人士的建议，可以去儿童咨询门诊或学校辅导室等机构。

内维尔太太之后告诉我，她怀孕了，不过她和先生决定不要这个孩子了，因为他们觉得自己在情感和经济上都没有办法再负担第四个孩子了。在我们谈论这件事情时，戴伦拿了一个"黑猩猩妈妈"，而且狠狠地把一个黑猩猩宝宝踢到了游戏桌下面。我和内维尔太太讨论了这样的状况，我告诉她，戴伦可能有摆脱小宝宝的想法（反正孩子心里想的应该也相去不远），就像他刚刚在游戏当中表现出来的对待黑猩猩宝宝的方式一样。如果这就是父母对不想要的孩子做的事情，他可能担心下一个被踢出去的就是他自己。这也有可能是造成他说话结巴的原因——用较长的时间把话说完，来紧紧黏着妈妈不放。内维尔太太觉得这样的解释有道理，也注意到了戴伦最近很黏自己，甚至不让她好好洗澡。在之后的几次会谈中，戴伦也在游戏当中多次表演了类似的情节，我们一起讨论了这样的状况。后来，他说话结巴的现象便消失了。

什么时候宣布怀孕的消息

家中的新成员会让很多3岁孩子所面对的冲突凸显。有时候，他觉得自己是一个需要依赖别人的小孩，有时候又觉得自己像一个大人。父母常常不知道什么时候才是告诉孩子有关新生儿的消息的最佳时机。如果太晚告诉他们，孩子可能会从其他人那里听到这件事；但太早告诉他们，又会让他们等待的时间过长。如果孩子对新生儿的性别有所期望，未知的状况会更难掌控，除非父母决定在婴儿出生之前询问其性别。无论是哪一种，这个重大的消息都会激发孩子的好奇心和想象力。

当3岁的萨曼莎得知妈妈怀孕时，父母对于她的反应感到惊讶。他们简单地跟她解释小宝宝是怎么来的时候，她大声抗议地表示："你们怎么没有叫我一起来看？"有好几周，每当爸妈经过她面前时，萨曼莎都会把眼睛闭起来；在该上床睡觉的时候，她会拖拖拉拉地不肯去睡，而且常常在晚上的某个时间蹑手蹑脚地走下楼来说睡不着。最后，爸妈发现，萨曼莎担心又好奇他们趁她不在的时候都在做什么。爸妈跟她讨论了她似乎会来检查他们晚上在做什么的行为，并且会让她留下来和爸妈一起坐几分钟。

有一次，萨曼莎下楼来的时候，做了一个围栏，里面放了一匹"马妈妈"，然后小心地在旁边放了一匹"马宝宝"。之后，她在爸妈的沙发后面做了第二个围栏，在里面放了"很多的宝宝"（从她的玩具箱里挑选了很多的小动物）。她的父母饶有兴趣地看着她玩玩具，讨论着除了那匹马妈妈和她的小宝宝之外，萨曼莎为什么要把其他的小动物藏在看不到的地方，是不是因为她担心爸妈生很多小宝宝，然后就没有足够的注意力可以分给她了。当然，如果父母发现他们即将生下的是双胞胎甚至是三胞胎，就会印证孩子认为家中会充满小宝宝的幻想了。

这个年纪的孩子很容易融入大人的对话，吸收到比我们想象的更多的信息。大人们常常以为孩子听不懂，或是正在专心玩玩具而不会听到，于是会当着他们的面，聊到或讨论了相当亲密或不太适宜的话题。事实上，孩子有时会撷取大人们所讨论的部分内容或某些信息，而这些偏偏是他们不理解的，于是会对这些令其困扰的似是而非的事情或扭曲的现实感到困惑及焦虑。

托比的单亲妈妈最近怀了克里斯的孩子，克里斯是她刚认识不久的男朋友。托比不小心听到妈妈跟朋友提到这次怀孕是一个"意外"和"灾难"。当克里斯来接托比妈妈去约会时,他变得歇斯底里且紧紧缠着妈妈,虽然那天晚上的临时保姆是他很熟悉的,而且他明明很喜欢跟保姆在一起。虽然妈妈还没有告诉他有关怀孕的事情,但最后她了解到,托比的行为其实是害怕妈妈跟克里斯出门的时候会发生"意外"。

小婴儿是从哪里来的

孩子对于小婴儿是怎么来的有各种幻想,而且通常会联系到他们目前对自己的身体功能的理解。这个年龄的孩子对于如何

> **贴心小叮咛**
>
> "妈妈怀孕了!"这个重大消息会激起孩子的好奇心和想象力。

运用嘴巴——咬、咀嚼、吃、吞咽、说话、尖叫——相当感兴趣,还着迷于他们所制造出来的废弃物——尿尿和便便。所以他们会假设小婴儿也是以类似的方式制造出来的,尤其是在听到大人说"妈妈肚子里有个宝宝"之后。西尔维在幼儿园吃午餐的时候不停地打嗝,她告诉同学,她的妈妈因为吞下了太多的空气而怀了一个小宝宝,"之后小宝宝就会被嗝出来"。

彼特之前就知道"当精子遇上卵子"和"婴儿会从一个特殊的通道里出来"的说法。他根据自己对饮食和排泄的理解修改了这个说法——"精子和卵子在妈妈的胃里面遇到",然后用一种神秘的方式从嘴巴里出来;而这个"特殊的通道"一点也不特

> **贴心小叮咛**
>
> 孩子对于小婴儿是怎么来的有各种幻想，而且通常会联系到他们目前对自己身体功能的理解。

别，不是尿尿出来的地方，就是便便出来的地方。孩子没有性行为的概念，即使父母觉得他们将实际状况说得很清楚了，他们的想象有时还是会让爸妈相当讶异。

兄弟姐妹间的互动关系：友谊与嫉妒

我有弟弟妹妹了

对于3岁的孩子而言，新生儿的诞生是一次巨大的冲击。但若是小心处理，在得到帮助之后，是可以平复他们的心情的。他们还会很喜欢小婴儿对自己无止境的崇拜。每一天的感觉都会有所变化。家长需要应付两个孩子的需求，还要关注到他们两个。在一个年轻的家庭当中，每天的时光都充满了欢乐、嫉妒或生气。3岁的乔茜在屋外玩的时候注意到，10个月大的莎拉用鼻子顶在通往院子的玻璃拉门上，看着乔茜玩游戏。她灵光一闪，跳起来和莎拉玩起了"松鼠鼻子顶着玻璃"的游戏（两个人隔着玻璃门，鼻头对着鼻头），直到莎拉该去喝奶了。

当乔茜走进屋里时，妈妈刚好在跟莎拉说："我们来看看你的童谣书。"她马上在地板上布置了一个农场拼图，说：

"我想要玩这个拼图。"妈妈建议:"让我们来帮莎拉找一匹马。"然后她们一起捡起拼图放在莎拉面前。突然间,乔茜靠近妹妹,很用力地用手压住她的背。当莎拉发出不舒服的声音时,妈妈告诉乔茜,"把手拿开。"莎拉爬向玩具箱的时候,乔茜却把它推到了妹妹拿不到的地方,自言自语地说:"把这个拿到走廊上去。"而她也真的这么做了。莎拉跟着乔茜,乔茜抓住妹妹的手臂并用力捏她,莎拉大声地哭了出来。妈妈前来安抚。当妈妈把妹妹放在腿上时,乔茜大叫着:"妈妈!我要上厕所。"妈妈只好站起来帮她。虽然乔茜喜欢和莎拉玩,却很难忍受妹妹在喝奶时拥有妈妈全部的注意力以及之后她们二人的亲密时刻。她可能觉得自己被排挤了,所以会用力捏妹妹来表达感受,就好像想要妹妹完全消失一样。

为孩子们的需求做最好的调配

3岁的阿妮卡和她的朋友彼特正试着在屋外盖一间房子。他们爬到花园的桌子底下,想要布置一个家。他们需要一个软垫。阿妮卡大叫着请妈妈来帮忙。不过妈妈之前说过,在她给婴儿喂奶的时候,不可以吵她。于是他们蹑手蹑脚地上楼,从爸妈的房间里拿了新的鸭绒垫子,铺在泥巴地上当床,还抱来了阿妮卡所有的布娃娃,放在鸭绒垫子边,并用杯子喂布娃娃们喝牛奶。但是喂奶的过程显得很脏乱,之后他们在鸟儿喝水的盆子里粗鲁地给布娃娃们洗了个头。

当看到牛奶和沾到泥巴的鸭绒垫子时，妈妈气坏了，妈妈大声吼了孩子们。然后她压抑着生气的情绪，说他们弄坏了不属于自己的东西，因此妈妈感到非常生气和失望。阿妮卡请求妈妈："不要跟爸爸说。"虽然父亲从来也没有对她特别严厉。妈妈不认为对爸爸隐瞒这件事情是一个好主意，不过，她蛮确信他不会太过生气。妈妈在屋内啜泣了一会儿。当爸爸回到家时，他们讨论了阿妮卡显然无法处理自己的感觉——那种喂奶时妈妈和小婴儿在一起而她自己被排除在外的感觉，而且她也无法承受对自己的行为负责的重担。妈妈必须给予阿妮卡足够的关注，还要为孩子们的需求做好调配。

家长可以互相支持，甚至是看到孩子游戏中幽默的那一面。如果孩子没有办法得到妈妈的注意，取而代之的就是自己成为父亲或是母亲。那天傍晚，这个问题再度出现。这次，爸爸建议阿妮卡帮忙把鸭绒垫子拿去放到洗衣机里。阿妮卡显然对于自己可以弥补过错感到松了一口气，而且这次是公开的，她惹恼了父母，不过也证实了她所期待的那个严厉的父亲仅存在于她的幻想世界里。妈妈和爸爸一同合作解决了这个不太愉快、也不是太严重的问题。

贴心小叮咛

当孩子在玩耍的过程中搞得一团糟时，父母要互相支持协助，甚至要看到孩子的游戏中幽默的一面。

我的哥哥姐姐们

对于 3 岁的孩子来说，拥有哥哥姐姐是相当有帮助的，当然有时候这也可能会带来心痛。年纪大的孩子的确拥有较多的技能，而这会让年纪较小的孩子感到挫折。然而，当他们想要做出和所崇拜的偶像一样的技能时，也可以刺激他们成长。如果年纪较大的同胞是同性别的，两人之间的竞争会较为激烈，因为相较于不同性别的同胞，年长的孩子会在婴儿出生的一刻，更觉得自己被取代了，不过时间一久，还是可以发现许多类似的地方。提姆跟他的哥哥乔学了很多踢足球的技巧，哥哥对于可以教会这样小的孩子控球感到很骄傲，提姆也在求学阶段继续展现了他对体育活动的爱好。乔的足球队让提姆担任吉祥物，而他也会在每场比赛开始之前，骄傲地在场上跑来跑去。年龄的差距也会带来一些不同，两人若只相差 1 岁，看起来会较平等，但在互相分享时就会显得特别紧张而不容易。

如果兄弟姐妹的年龄相差较大，年纪较长的孩子可能会夸耀自己的特权，如较晚的就寝时间，或是可以看较多的大人看的电视节目。他们可能也会给弟弟妹妹提供很多的帮助，在游乐场教他们玩新的游戏，教他们玩比较旧的玩具，把一些老朋友介绍给他们，让他们尝试垃圾食品；但也有可能像爸妈一样烦人，迷恋自己较优越的主控权，有时候会缺少同情心和关注，而这些都是父母会注入亲子关系中的元素。如果请他们帮弟弟妹妹玩拼图，哥哥姐姐很可能会直接地把拼图放在正确的位置上,而不是耐心引导弟弟妹妹自己找到位置。哥哥或姐姐是一个负责又内涵丰富的个体;拥有哥哥姐姐的孩子会与独生子或身为老大的孩子拥有相当不同的成长经验。

同胞之间的相处状况决定于孩子的气质、哥哥姐姐内在的安全感,以及对于弟弟妹妹的容忍程度,或觉得需要"丢下"宝贝的弟弟妹妹的程度,这可能取决于他们自己婴儿时的经验,以及他们当小婴儿的感受是否被父母接受。好的经验可以让孩子较为容忍还是婴儿的弟弟妹妹。父母在同胞关系上可以提供的帮助很多,例如:不要太要求年纪较大的孩子有"责任感",或是要他们替弟妹做太多的家事,这样可能会造成怨恨。若能注意不要老是假设年纪较长的孩子就一定是做错事的人,也可以缓解同胞之间的紧张气氛。当然,有时候弟弟妹妹的确很会激怒哥哥姐姐,让他们挨骂或被责备。他们常常会听到且极其讨厌的一句话是"她才3岁,她怎么会知道?"抱怨弟弟妹妹分走了父母的关注是很常见的情

> **贴心小叮咛**
>
> 父母别太要求年纪较大的孩子有"责任感",或是要他们替弟妹做太多的家事,这样可能会造成怨恨。

> **贴心小叮咛**
>
> 父母要注意:不要总是假设年纪较长的孩子就一定是那个做错事的人,这样才能缓解同胞之间的紧张气氛。

况，哥哥姐姐通常会觉得弟弟妹妹得到的关心比自己应得的要多。

有一个兄弟或姐妹是很好玩的，即使哥哥姐姐有时候会觉得有个老是爱跟着自己到处跑或是模仿自己的小弟或小妹很麻烦。不过他们通常会为弟弟妹妹感到骄傲，甚至会相当保护他们。有时，兄弟姐妹之间喜欢淘气地"结党"，成为对抗父母的同伙，这是孩子和大人之间的对抗。

因为在墙上乱涂鸦，泰德被罚不能吃冰激凌，只能待在上楼的房间里。不过，5岁的珍妮偷偷带了些巧克力给他。珍妮可以理解他的处境。每逢假日没有其他的玩伴时，她和泰德总是喜欢在海滩上一起玩沙。有一天，他们俩花了几乎一早上的时间在沙滩上堆了一座城堡。泰德开心地提来一桶又一桶海水和沙，珍妮则用贝壳和一面旗子来装饰城墙。快要完成的时候，泰德说："珍妮，你和我一起住在城堡里，妈妈和爸爸在外面。""好！"珍妮热切地回答，"我们来做一条护城河，这样他们就进不来了，除非我们开城门让他们进来。"两个孩子正享受着他们这对姐弟的势力，可以把他们共同的对父母的复杂感受表达出来，这些感受来自孩子觉得有时候自己被父母这一对配偶排除在外了。

姐弟俩开始挖护城河，如泥般的棕色沙子从指间流下，形成了一道墙。泰德笑着说："这是便便，从你的屁屁里出来的。""才不是呢！是从你的屁屁里出来的，因为你现在还在穿尿布呀！"

当提到自己还无法在马桶上大便时，泰德撇过头去，不过很快就因为珍妮开始和他一起让"大坨"的泥沙落在沙雕城堡上所制造出的声音而兴奋地咯咯笑了。

　　这个年纪的孩子对于自己的身体功能和排泄物相当感兴趣。关于厕所的笑话或与这些有关的字眼都可以娱乐他们，让他们感到兴奋，引起咯咯笑。会互相找麻烦的年长孩子有时候会联手一起对抗其他的同胞，通常是对抗年纪较小的弟弟妹妹。

　　克里斯（3岁）和苏（18个月）之间的竞争相当紧张，常常会有争吵或打架的情形。而这个时候，妈妈腿上才6个月大的哈利正饶富兴趣地看着一切。有一天，在哈利睡觉时，妈妈发现两个大孩子很专心地玩起了娃娃屋。有趣的是，她看到他们给一个婴儿人偶起名叫"哈利"，而且两人很欢乐地不停地把"哈利"的头塞进玩具马桶里。兄妹俩放下了彼此的分歧，联合起来玩着摆脱这个婴儿的游戏。

朋友之间的对话讨论

　　父母需要其他家长的陪伴，需要一个能分享经验、获得理解、可以提供不同看法的伙伴。和关心自己的朋友进行讨论可以帮助家长解决心里的疑问；也会帮助孩子感觉得到理解。这一节会节录一对朋友在几个月内的对话，内容针对3岁的麦克斯，并点出了很多家长在准备迎接另一个新生儿时会面临的到了这个年纪的孩子会产生的问题，既包括开心的、夸张的事情，也包括父母的担忧和疑问。

我们可以听到麦克斯得知妈妈怀孕时的反应：他试着处理了自己的担忧，担心自己在新生儿出生以后会被排挤。由于预产期相当接近麦克斯的4岁生日，于是事情变得更棘手了。这对朋友的对话详细地描述了生日派对的场景，可以想象麦克斯对于和新生儿分享父母以及和一群急切的小朋友一同吹蜡烛的兴奋感和紧张心情。

> **贴心小叮咛**
>
> 父母需要其他家长的陪伴，能与彼此分享经验，获得理解，并可以提供不同的看法。

> **贴心小叮咛**
>
> 和关心自己的朋友进行讨论，可以帮助父母解决心里的疑问；也会帮助孩子感觉得到了理解。

孩子开始对性方面有疑问——他们是有性欲的吗？如同其他种种议题，仔细地和朋友讨论这样的问题，是相当有帮助的。

贝蒂和凯特从学生时代就是好朋友，而且两人一直保有联系。贝蒂和先生盖伊以及3岁的麦克斯住在一个小镇上。凯特是一位单亲妈妈，和同样3岁的皮帕以及婴儿罗伯住在伦敦。这对朋友有固定的时间聊天，会利用电子邮件分享与3岁孩子生活的经验。贝蒂就快生第二胎了，但她发现和麦克斯的相处相当辛苦。在预产期的3个月前，她们聊着这段对麦克斯和整个家庭来说都既激动又很有压力的时光。

新生儿诞生前的准备

贝蒂：昨天晚上，麦克斯看着我们从阁楼里拿出了他的婴儿提篮，他跑开了，到客厅里去了。之后我们听到客厅里传来了乒乒乓乓的声音，原来他把所有可以移动的家具都换了位置，整个客厅被重新摆设了一次。不过我们并没有阻止他（那些都是儿童安全设施）。但几分钟之后，当我们回到客厅的时候，却无法进去，因为他把门口挡起来了，把我们关在客厅外面。我们有点紧张，不过后来还是想办法挤进去了，你觉得这是什么意思？

凯特：你觉得他会不会是因为看到你们把他小时候用的东西拿出来准备给小宝宝用而感到生气呢？或许他开始觉得这一切变真实了。我记得你跟我说过，上次你想要让麦克斯感觉一下宝宝在肚子里的活动时，他不肯。所以到现在，他可能一直都告诉自己说你的肚子里什么也没有。当我们把皮帕的婴儿车拿出来准备给罗伯用的时候，她先是用力踢了车子，然后爬上去说她晚上要睡在婴儿

> **贴心小叮咛**
>
> 看到婴儿用品，可能会引发3岁孩子的复杂感受。他们可能需要再次确定自己不会被忘记或是被忽略。

　　　　车上。我认为她不喜欢看到在那里有个空的婴儿车正等着下一任主人。

贝蒂：有可能！其实，现在我想起来了，当我们在客厅外面等他让我们进去的时候，我听到他发出了像小婴儿一样的咿呀声。

凯特：不过，那改变客厅里的家具摆设又代表什么意思？这真是匪夷所思，我能想到的一个原因是，他觉得他生活里的一切都将因为这个婴儿而改变。所以，这个自以为是的小子就通过改变客厅里的家具摆设，来告诉你们两个他有怎样的感受，就像是有点困惑和不知所措，不太确定自己在这个家里的位置在哪里。他不是把你们关在门外了吗？我的意思是，因为你们没有经过他同意，就擅自决定要一个新的孩子，所以他有点心烦意乱。而且他听起来有点担心，担心一旦新生儿诞生，他会被排除在所有事情之外。所以，他把你们两个关在你们自己的客厅门外，看你们喜不喜欢这样！

贝蒂：嗯，有趣……他的确让我们知道了他的感受。如果你说的是对的，他就是利用他所做的这些事情来告诉我们他的感受是什么。他那时候一定很生气，因为我似乎花了很多时间生他的气和觉得难过，你觉得这就是他想要传达的吗？老实说，他现在相当麻烦,我不知道我们要如何应付另一个孩子。

拿出一些婴儿用品可能会引发一些3岁孩子的复杂感受,孩子可能需要再次确定自己不会被忘记或被忽略。他们可能会对自己小时候的照片或影片产生兴趣,且提出很多有关那时候的自己是什么样子的问题。从孩子的角度来看,他们没办法理解,既然爸妈已经有了自己,怎么还会想要另一个小孩呢?在新生儿诞生之前的准备时间,通常比小宝宝出生之后还要辛苦。这可能是因为对所有家庭成员而言,此时的不确定性带来了相当大的压力,而且孩子通常会把新生儿诞生之后的日子想象得比实际上更糟糕。

早早醒来

贝蒂:昨天早上是一个典型的早晨。但我必须承认,午餐的时候,我哭了一会儿!

凯特:发生什么事啦?

贝蒂:麦克斯昨天6点就醒了,我们认为6点起床太早了,于是他就溜到我们床上来要抱抱。然后,他坚持一定要跟我去上厕所,而且要像平常一样坐在我的大腿上(其实,他现在太大了,不能坐在我的大腿上,而且也很不舒服)。我把他带回他的房间,让他在房间里玩到7点——他现在会看房间里的时钟了。他想要我跟他一起玩，我亲了他一下，然后告诉他，我7点的时候会回来。可当我回房间的时候，他也跟着我回来了，用头顶着我的头，要把我从床上拉起来，让我跟他回房间去……好不容易，我终于把他哄回了房间。回来之后，我关起房门，倒在自己的床上。我老公盖伊完全没有参与，我对他很生气。

凯特：果然很典型！不过，贝蒂，我没有办法忍受和我的孩子一起上厕所，更不要说坐在我的膝上了。我真的认为你有安安静静地上个厕所的权利，你就该这样做。麦克斯自己会想办法的，就算前几次他可能会很难过，甚至会在门外拍打厕所的门——这时候可以叫盖伊去照顾他！但是，我可以了解麦克斯的想法。我的意思是，他一定觉得不公平，因为你肚子里的小宝宝不用跟你分开。所以他才会跟着你去所有地方，包括上厕所。你觉得这是他现在特别黏你的原因吗？我怀孕时，皮帕常常掀起我的裙子，躲在里面要我抱她，好像她想要钻回肚子里一样。

贝蒂：我想你是对的，只是我没有力气一次对付这么多事情。（继续讨论那天早上的事情）后来，麦克斯开始拍打我房间的门，而且用很坚定的口气要求我"现在"就把门打开。我起来告诉他,他这样拍打门让我很生气,如果他现在回到房间,自己玩到7点(只剩下15分钟就到7点了),那么我在7点的时候会准时开门。最后,他回到自己的房间,玩了10分钟,在7点整的时候出现在我的门口。我真的是筋疲力尽。

对父母的生气攻击

贝蒂:我和麦克斯发生了一点争执,之后我们两个一起下楼去。争执的原因是麦克斯要求喝大瓶的牛奶。不过我们之前已经讨论过了,他同意只喝小瓶的牛奶,然后留点肚子吃早餐。我们到了起居室,他拿着牛奶,我拿着一杯茶。我把他的早餐给了他,并且拿出了一些需要缝补的东西。他走过来想要知道我在做什么,并问我有没有什么是他可以帮忙的。我告诉他,他可以帮忙剪线,不过我希望他先把早餐吃完。他说好,不过他要把剪刀拿到桌上。我假装没有听到。很快,他又走回来看他可以剪什么。我还来不及发现他在做什么,他已经剪了我正在帮盖伊缝补的夹克。我真的很生气,说真的,这正常吗?

凯特:听我说,亲爱的,他当然是正常的啊!他现在也很不好过——这个等待的过程很辛苦，他不知道未来会变成什么样，大概就跟你一样呀！我有预感，一旦宝宝出生，他就会变得比较稳定了。至少盖伊也受到波及了。我打赌，在麦克斯的想象中，他一定不只是把爸爸的夹克剪下了一块而已，肯定是想要把他"去势"，然后他就不能生小宝宝了。我想，最好是让麦克斯现在就把他的怒气和敌意发泄在你们两个身上，总比之后去欺负小宝宝要好。

贝蒂：谢了！这让我松了一口气，我想你是对的，不过，我真的怀念曾经那个惹人怜爱的儿子。你知道吗？有一天，麦克斯用很大人的口吻说他觉得很伤心，因为他那亲切的妈妈不见了，现在他只能看到一个一点也不友善的妈妈。他问我知不知道那个亲切的妈妈去哪里了？我告诉他，那个妈妈跟可爱的麦克斯在一起。等那个可爱的麦克斯回来了，那个亲切的妈妈也会一起回来。

贴心小叮咛

在家庭生活即将发生变化的时候，不仅是哥哥姐姐会有难过的感觉，父母也会有罪恶感，感觉好像背叛了现在的孩子。

好像背叛了现在的孩子,也有可能害怕被拒绝或被排挤。在新生儿出生前,这样的感受可能会从一个家庭成员身上蔓延到其他人身上。

释放感受

贝蒂:嗯!我还没讲完……然后我就上楼去跟盖伊说这件事情。他下楼来告诉麦克斯,他听说了麦克斯对夹克所做的事情,而且他相当生气(那是件旧夹克,其实也不是很重要)。他问麦克斯,自己是不是也可以剪破麦克斯的衣服。麦克斯大声抗议说不行!当我准备好送他去幼儿园的时候,我发现他在楼下闲晃,看起来心情很好的样子,而我却觉得很累。

凯特:我在想这是不是证实了我之前说的,麦克斯需要在你们两个人身上释放一些感受。一旦他把你们惹毛了,而且让你们了解到了他的生气感觉,他就看起来精神好多了。

贝蒂:是啊,或许吧。老实说,我都想要掐死他了!后来,我叫他来穿鞋子,并且提醒他把早餐吃完。他说他吃饱了,我想那就算了,不想再把饮食要均衡这档子事牵扯进来。我们走去开车之前,他和爸爸说了再见。盖伊又说了一次他对于夹克的事情很生气。麦克斯说："对不起，我下次不会了！"（虽然我们不太相信。）然后他又加了一句说，"他有时候可能会剪破小偷的衣服（很多时候他会把现实生活和故事或幻想的世界搞混）。"

凯特：嗯……他似乎需要有人来当"坏人"。把他生活里的这些混乱怪罪于某个人，而且他利用了想象的方式来表达他的感觉。皮帕常常说要给我铐上手铐，送进监狱，所以我想这是很基本的恐惧。

贝蒂：嗯……麦克斯现在会很清楚地表达出来，他对我的评价很低。他前几天还说，要把我"炒鱿鱼"了！（笑。）

去幼儿园

贝蒂：在车上，我告诉麦克斯，因为我今天很难过、很生气，所以到了幼儿园之后，不会像之前一样留下来跟他玩拼图。他有点抱怨，不过好像能接受这件事。等我们到了幼儿园以后，他仍然绑着安全带坐在座位上，有点闷闷不乐。我打开车门，这让他很生气，又用力地把门关上。最后他自己开了车门。下车后，他用他的毛衣打我，且拒绝做我叫他做的任何事。走去教室的路上，他一直踢我。我告诉他，我无法忍受他这样的行为，如果他再继续下去，我把他送到教室后就马上离开，一分钟都不会留。我说我会亲他一下，抱他一下，然后我就要走了。他抓着我，拜托我留下来跟他玩拼图。我提醒他为什么我今天没有心情做这件事情，告诉他现在是他最后一个亲我的机会。他屈服了，走到窗户旁边跟我挥手。就这样把他留下来，我觉得有点难过，因为他看起来是那么的弱小和脆弱，不过我觉得这样无止境的谈判真的很耗费气力。

凯特：很好笑，不是吗？前一分钟他们还觉得自己可以掌管一切，后一分钟似乎又如此需要你。你认为麦克斯不愿意做你让他做的任何事情，是不是跟你"不愿意"留下来跟他玩拼图有关？我猜他实际上可能很担心，担心这样攻击你和打你之后，你还会不会来幼儿园接他回去，是否会把他留在那里。这可能就是他不想让你走的原因。我很好奇，如果你把幼儿园和家分开，不要把在家里的行为带到幼儿园去，会有什么结果——我想麦克斯在幼儿园可能真的需要你和你的安抚。罗伯出生的时候，皮帕坚持要带一支玩具手机去幼儿园，以防我没有去幼儿园接她，这样她就可以打电话提醒我了。

贝蒂：我必须要说这有道理。也许麦克斯感觉我非常渴望跟他分开一下。幼儿园说他在园里的表现还不错，所以很显然，他在幼儿园能继续做那个好的"麦克斯"，而把那个坏的"麦克斯"留在了家里。

孩子的情欲感受

贝蒂：凯特，我很好奇这个年纪的孩子会不会有"情欲的感受"呀？因为麦克斯似乎发展出了很多的"爱"——他说了很多有关幼儿园里的一个小女孩的事。萝丝玛莉，她有一头"晃晃"的头发（长发），他还喜欢《Hi-5》节目的主持人，查莉（很漂亮，有着亲切的脸蛋和一头金色的长发），他甚至给他的布娃娃起名叫查莉。

凯特：嗯……这一点也不奇怪啊，你也有类似的发型啊，你看不出来吗？他很崇拜你。

贝蒂：是啦……这也有点可能，他会对我非常关心，过来抚摩我的头发，很热情地亲我。不过，听我说，有一天早上，麦克斯告诉我，查莉是"最漂亮的"。我回答他，"我想要当最漂亮的。"麦克斯停顿了一下，想了想，然后说："那你当最可爱的。"考虑了所有因素（头没洗，年纪大等）以后，我觉得这样的提议还挺不赖的！你觉得即使在这个年纪，孩子也会有情欲感受吗？

凯特：是啊，我认为有。你不记得在麦克斯还是小婴儿的时候，你帮他换尿布时看到过他勃起吗？我之前养的是一个女孩，不过在照顾我的侄子罗杰的时候，也发生过这样事情，我记得非常清楚。

贝蒂：你现在提到这个，让我想起去年夏天度假时发生的一件好笑的事情。我们和盖伊的侄子侄女们在一个户外游泳池消磨了一整天——孩子们穿着道具服在游泳池旁边跑来跑去，玩得相当愉快——麦克斯特别爱和一个10岁的女孩洁丝玩，度过了一段很快乐的时光。洁丝还想试着教麦克斯游泳。之后，麦克斯不停地告诉我，他非常喜欢洁丝。我问他喜欢洁丝什么地方，他的回答是"她的胸部和屁股"！我必须承认，我有点惊讶。我是在一个相当保守的环境中长大的，当然接受不了直呼这些女性性器官的名称。我只能试着对麦克斯在身体方面采取开放的态度。不过我很好奇，他应该这样想着女孩的身体吗？还是我过度解读了这件事情？

凯特：我们不能否认我们所看到和听到的，不是吗？很肯定的是，他把对于美丽妈妈的爱意和这些有着"晃晃"头发的可爱女孩的吸引力混在一起了。对3岁的孩子而言，这就像烈性鸡尾酒一样。至少没有人发现你眼睛下面的眼袋。

贝蒂：嗯……我们就要举办他的生日派对了，我很好奇，

> 他会不会要我邀请萝丝玛莉来参加,他已经邀请了小区里半数的邻居,甚至包括我们的牙医。我想他觉得这是一个重要的机会,能让大家把他列入心目中的好人名单里,尤其是那个牙医(他上次去看牙医的时候没有表现得很赞)。

对家长而言,的确很难承认孩子经历的这些情欲感受,而且这些可能源于婴儿时期被抚摸或闻到熟悉气味时的感官刺激。为男宝宝换尿布或洗澡时,常常可以看到他们有勃起的现象,女宝宝也会摩擦自己外阴部。然而,这样的状况的重点不一定是生殖器本身,而是可以借助嘴巴或口部动作或是一般的身体活动而引发兴奋感。

邀请所有人和生日派对上各式各样的事物都是有趣的。因为当新生儿的诞生日逐渐迫近时,他心中遭排挤的议题被摆在相当高的位置上。麦克斯似乎可以认同那些被遗漏的人,且坚持要将他们都邀请进来。而这也是一个大好的机会,可以和他觉得难以相处的人修复关系,或是让他觉得有点可怕的人(例如,牙医)变得可爱。

几周之后……

生日派对

> 凯特:我很抱歉我们没办法参加麦克斯的生日派对,皮

帕的水痘还没有完全消。快告诉我，生日派对怎么样？

贝蒂：嗯……我们之前就提醒过麦克斯，如果宝宝决定早点出来，我们可能就要另选一个"很近"的日子为他举办生日派对了……很幸运，这件事情并没有发生，而且我们在准备派对的时候的确很开心。不过，至于开派对的那天，说实话，真的有点可怕。

凯特：准备太多了？

贝蒂：大概吧！混乱是从礼物开始的。麦克斯建议把收到的礼物堆在一起，等派对结束后再拆（他在某处看到的）。我说，马上就拆礼物应该会比较刺激有趣，而且可以跟送礼的人道谢，麦克斯也同意了。我现在很后悔做了这样的决定。他的第一个礼物是一组电动牙刷。

凯特：我猜他应该很喜欢吧？

贝蒂：他很喜欢下一个礼物——玩具手枪和枪套，然后他开始和他的朋友相互追逐，射击他们看到的所有东西。在他们的横冲直撞中，他幼儿园里最文静的女同学之一来了，他们两个差点撞在一起。这个女孩哭了起来，并紧抓着她妈妈的衣服不放，不肯让妈妈离开。另外一个孩子也在哭，因为麦克斯和他的"同伙"强迫他扮演"坏人"，并威胁说要把他关进监狱。麦克斯以为道格拉斯要把他的新枪带回家，所以拉着他的头发……你可以想象那个场景吗？

凯特：你不用再多说了，想象得出来。

贝蒂：最后一个孩子到了，我们坐下来玩"传递包裹"的游戏。不过孩子们看起来有点闷闷不乐。我开始觉得这个气氛跟我想象中的不太一样。我大概对于礼物有点太小气了。后来，我们玩了寻宝游戏，花了点时间跑来跑去。后来我觉得应该到吃东西的时候了，但是麦克斯泪眼汪汪地看着我，不肯加入大家。最后，他还是跟大家一起坐在桌边，不过没有吃什么，还一直来找我，要我抱他。

凯特：听起来他可能觉得兴奋的感觉太强烈，而且大概对太多小朋友想要玩他的玩具有点吓到了。我在想，那天他会不会对要和其他人分享特别的敏感，因为宝宝可能会在他生日的这一天出生，而抢去他的风头——想象一下，要和新生儿一起分享他的生日。

贝蒂：这有道理，因为分享绝对是一个问题。压死骆驼的最后一根稻草是蛋糕。我把大家叫进来，但麦克斯说他不想跟大家一起吃蛋糕，他担心其他小朋友会吹熄他蛋糕上的蜡烛。我说了一些安慰他的话，忽略了他的要求。生日蛋糕可是我亲手做的,是一个藏宝箱的造型。我可不想让熬夜装饰的蛋糕被大家忽略。我们点了蜡烛,一起唱生日快乐歌。不过麦克斯抱怨他没有想要大家唱这首歌。感谢老天爷,这时候慢慢开始有家长出现来把孩子接走了。麦克斯在和大家道别的时候倒是表现得很好(就好像他等不及大家快点离开),而且坚持要自己把气球送给每一个孩子。当宾客逐渐散去的时候,他精神了起来,很满足地和最后一个离开的孩子玩了起来,至少比我原本以为的要好,是一个比较快乐的结局。你现在有没有庆幸你没来?

凯特:听起来,对你们所有人来说都是很辛苦的。我猜,麦克斯发现分享是很困难的。我在想,当所有人都在唱生日快乐歌的时候,麦克斯是否会觉得大家想把他的生日占为己有。我记得在皮帕去年的生日派对上,有个客人吹了她蛋糕上的蜡烛,她为此感到相当的绝望。你觉得,会不会是因为有个新生儿即将进入他的生活这件事情让他对"生日"特别敏感?毕竟,他年纪越大,就会留越多的空间给新生的宝宝。我预期再过一年,他们都会长大许多,到时候你的日子就会好过一点了。

任何不属于孩子规律的日常生活的活动，无论是有趣的，还是刺激的，都可能对他们产生破坏性影响。用较多时间来准备，可以让这些活动（例如，假日出游、去动物园或是参加派对）成功地完美结束的概率大大增加。但对这些场合的过多准备和期待有时候也会让活动本身黯然失色。如果有太多必须要选择的诱惑，孩子可能会无法招架，而且变得很容易生气，难以相处。处在人群之中，或是挤上一列拥挤的火车，可能都会吓坏孩子。这时，他们需要感觉到安全，而这个安全感来自大人信心满满地知道该往哪儿走，且能完全掌控眼前的状况。

> **贴心小叮咛**
>
> 不属于孩子规律的日常生活的活动，无论是有趣的，还是刺激兴奋的，都有可能对他们产生破坏性的影响。请用较多时间来准备假日出游、去动物园或是参加派对的活动，这样一来，活动成功结束的机会比较大。

新生儿的诞生

凯特：恭喜！你也有一个女儿了，一儿一女。麦克斯还好吗？

贝蒂：我必须说，比我们想象的好得多。他对有个妹妹感到相当的骄傲。前几天，他告诉我，他一直都想要一个孩子——就好像他相信自己才是孩子的父亲一样。他用一种大人般愉快且亲密的方式跟妹妹说:"小亲亲,你真是可爱呀……你真的是呢……"而且乐于判断妹妹是累了、饿了还是只需要她的大哥哥给她一个拥抱。不过,他有时候还是会对我生气。但是,很幸运,盖伊会多花一点时间陪他。我敢说,他去上班之后,事情会变得难一些……无论如何,还得等几个月,妹妹才有能力破坏麦克斯的乐高模型。

凯特:听起来宝宝生下来以后,麦克斯放松了许多,尽管他对怀孕的过程并不那么热衷。罗伯出生的时候,我们有点故意特别热情地对待皮帕,给她准备了一个"宝宝送的礼物"——一个让她放在自己房间里的录音机,这还蛮有效的。对了,我寄了两个礼物给你,一个是给宝宝乔的,一个是给麦克斯的——他的是一件T恤,上面写着"我现在是大哥哥了!"希望他会喜欢。

贝蒂:谢谢,听起来很棒,因为他喜欢当"大哥哥"的感觉,而且会把乔和自己看成一伙的。他告诉我,他和乔是一起在我的"肚子"里的,而他们有个协议,同意由麦克斯先出来。有一天,他来跟我说,他对某件事情的看法是对的,那是当他和乔一起在我的"肚子"里的时候,乔告诉他的。我猜他们两个长大后会变成可怕的同伙。

凯特：我想，我们在这个世界上都需要伙伴，真的很高兴跟你打电话，我得先挂了，再见！

第四章
处理愤怒

每个人都会生气,但当孩子每次都用尖叫、大声哭闹和用力踢打来达成他的目的,或吸引大人的注意时,父母就必须思考一下原因何在。

如何引导孩子用较理智的方式发泄怒气,是父母应该要学习的。

所以该对孩子说"不"时,就该勇敢地说出。

贿赂与威胁是父母常用的管教方式,这样的方式没有问题吗?

你赞成打孩子吗?

本章会从孩子的观点和心理层面来探讨这类议题,并提供反思的空间。

通过玩游戏来攻击和发泄愤怒

为了生存,我们需要表现出某种程度的攻击性。适度的攻击性是性格特质和果决的象征,可以让孩子或大人在这世界上有自信勇往直前。至于太多的武装或敌意可能会让你失去控制则是另外一回事。这无论是对在幼儿园操场里的孩子,还是对在酒吧里的大人,都一样。孩子会对他们世界里最重要的人物感到愤怒敌视,例如,对自己的父母,长大一点后则是对老师或朋友。而且孩子可能会想象要伤害或杀害这些让他感到生气的人。孩子的想象力越丰富,就越害怕怪物或其他可怕的生物,害怕这些东西会出现或从背后攻击自己,尤其是在晚上独自一人的时候。有时候,孩子无法控制自己的攻击性冲动,他们会咬人、踢人或是打其他的小朋友。有了大人的协助,假以时日,他们便会利

> **贴心小叮咛**
>
> 适度的攻击性是性格特质和果决的象征,会让孩子或大人在这世界上充满自信地勇往直前。

> **贴心小叮咛**
>
> 孩子的想象力越丰富,就越害怕怪物或其他可怕的生物,很容易自己吓自己。

用游戏的方式来表达，最后是可以说出自己的感受。孩子会利用想象的武器，在游戏当中利用树枝或竹筷子做的玩具枪、玩具剑、玩具动物或手边的任何可以利用的东西表达出这些感觉。

马克在妹妹露西旁边玩着。露西背对着哥哥，跟妈妈一起建造了一座城堡。马克捡起一个玩具恐龙，把恐龙的嘴巴开开合合地制造出声响，并拿着玩具恐龙"咬住"妹妹的裙子后摆。妈妈告诉他，小心不要弄伤妹妹，叫他跟玩具玩就好了。马克拿出农场玩具里所有的小猪仔和一只肚子里装着袋鼠宝宝的袋鼠妈妈。他用鳄鱼咬住每一只动物玩具，一个接着一个，把它们从桌子上甩到地上，并宣告这些动物都"死掉了"。最后"死掉"的是那只袋鼠宝宝，鳄鱼把它从袋鼠妈妈的肚子里咬了出来，咯吱咯吱地用力咬了好几次，然后把它丢到地上和其他"死掉"的动物玩具在一起。妈妈看着这一切，随口说出："这些可怜的动物，它们的日子真的不太好过了。"

有一次，马克在真的会伤到妹妹之前及时地被阻止了。他的确在游戏中表达出了对妹妹的攻击性感受。尽管妈妈对于马克在游戏中的暴力程度相当震惊，但并没有过度反应，或是叫他停止，反而对他的游戏内容感到有兴趣。借助这个机会，在一个安全无虑的环境下，通过在游戏中表达出他们的想象，孩子对其他人造成的实际伤害就会较少。

吃晚餐的时候，马克看起来缓和冷静了一些，他问爸妈："鳄鱼的晚餐是吃草吗？我想他们是吃草的。"他心里应该知道鳄鱼是吃肉的（甚至是会吃人的），不过这个想法对他而言实在是太可怕了，会令他想到白天时自己的游戏内容，所以他通过把鳄鱼变成吃素的来缓和所有的事情。

暴怒的孩子

有时候，孩子会变得过于具有攻击性，攻击自己的父母、破坏玩具和伤害其他的小朋友。家长可能会觉得他们的3岁孩子不受自己的控制。在这样的情况下，他们也许会寻求专业人士的帮助，例如，为有5岁以下孩子的家庭提供的专业服务。当我们遇到这样的家庭时，通常会发现类似的问题已经存在许久了。如果母亲基于某种原因而相当消沉或被其他问题所困扰，她可能就无法像一般的妈妈一样，用常理来考虑孩子的需求变化，并在宝宝需要的时候陪伴他们。有些孩子总是紧张不安或难以满足，因此很难照顾。这样棘手的关系有时候会导致孩子"超级独立"，发展出某些生理上的技能，从此可以不需要他人的协助。他们可能也会养成尖叫、大声哭闹或用力踢打的习惯，来吸引妈妈的注意或让妈妈了解他们想要什么。要是孩子认为只有引起紧张不安的

> **贴心小叮咛**
>
> 有时候，在"超级独立"的孩子的背后，隐藏着的是紧张不安或需求难以满足。

骚动才能让大人注意到自己的需求，那么这个吸引注意力的行为可能会持续到学步期。有人会认为这样的状况是孩子多动或造成攻击行为的原因。家长不太可能总能自己解决这

> **贴心小叮咛**
>
> 有些孩子会用尖叫、大声哭闹和用力踢打来引起父母的注意；大人要反思一下，孩子为什么只有用这种方式才能吸引你的目光？

些难题，他们可以寻求当地儿童心理诊所的协助。例如，当潘锡克的爸妈开始担心儿子对母亲的攻击行为时，便前往了这样的机构进行咨询。

潘锡克的生命从一开始就面临困境。他的外祖母在他妈妈怀孕期间因病去世了。而妈妈的生产过程也相当辛苦。再加上妈妈亲自喂母乳的时候，他也不太适应。因为他们住在比较远的地方，亲戚所能提供的支持相当有限。潘锡克的妈妈想念自己的母亲，在孩子出生的前几个月内十分难过和沮丧。妈妈发现自己无法忍受儿子的哭闹，就搬到了另一个房间去，任由孩子长时间哭喊。父母两人在如何处理这样的状况上有不同的意见，而且常常因此争吵。潘锡克在生理上的成长相当快，8个月大便会走路了。事实上，他看起来总是相当忙碌，且很少需要他人的帮助。2岁之前，他便会自己穿衣服和吃饭了。他像爸爸一样，对摩托车相当着迷，爱穿着父亲哈雷造型的机车皮大衣在家里昂首阔步地走来走去，就好像他已经武装好准备克服所有的危险一样。

只要妈妈设下任何的限制，潘锡克便会发怒和踢打她。而他越常这样做，妈妈就越觉得自己是一个失败的母亲。她向朋友透露，唯有潘锡克生病或睡着的时候，她才能享受跟儿子共处的时刻，因为孩子会拥抱着她，在这一刻，她才会觉得儿子是需要自己的。看来，潘锡克处理早期的担心和失望的方式是放弃自己在婴儿时期的需求，且发展出了一个强硬且恃强凌弱的外在表现。

他很善于防御失望的感受，决心不流露出自己的需要。既然父母在如何管教儿子上无法互相支持，他便觉得没有人可以阻止他做自己想要做的任何事情。这可能让他觉得没有安全感，导致在家里的行为更加放肆，因为唯有不停地忙碌着，才能让他消除自己的焦虑。他也开始残酷地对待家中新饲养的小狗，一逮到机会就踢它。或许这个小狗代表了潘锡克心中的小婴孩。同时，他对苍蝇和蜜蜂的恐惧感逐渐增加，嗡嗡叫的声音会让他急忙地躲回屋子里。这样的恐惧是否与他对母亲的攻击有关系？或许潘锡克想象自己的攻击行为曾经造成了一些伤害，伤害了妈妈和她肚子里的宝宝。现在他担心他们会在自己的耳边嗡嗡叫，等着报复他。

这个家庭需要的是通力合作，一起思考潘锡克焦虑的意义为何，以及爸爸妈妈要怎样合作让孩子觉得更被接纳。

每一个人都会生气

虽然"可怕的2岁孩子"有很多值得讨论的东西，不过在孩子3岁生日的时候，并不会出现一个神奇的转折点，尤其是当他们变得会表达自己丰富的情绪时，无论是兴奋的情绪，还是恐惧或暴怒。每一个人都会生气。在孩子的发展过程中，学习如何表达愤怒的情绪相当重要。孩子可以很快就对愤怒感到无法招架，例如，当父母拒绝他们的要求，或停止一个活动时。他们不见得每次都能够用言语表达自己的感受。他们唯一可以做的就是利用踢打、咬、尖叫、吐口水等行为来摆脱这样的感觉，就好像在每次的踢打或尖叫当中，可以把这种难受的感觉赶走一样。

有时候，孩子会在拥挤的超级市场或鞋店里发脾气，父母会感到尴尬和羞愧，尤其是当他们失去冷静并对着孩子吼回去，甚至打了他们时。这时候，孩子可能会想象自己的愤怒是极为强大和危险的，而且可以造成实际的破坏，例如，让父母或兄弟姐妹感到挫折所引起的伤害。重要的是，要让孩子知道，虽然他们在生气的时候会觉得自己很危险，但事实上并不是这样的，他们的愤怒也不一定会让大人难以掌控。孩子潜意识的目的可能只是要让父母感受到自己正在经历的那种生气的感觉，因此会更用力地踢打和尖叫，直到爸妈发现他们有多么生气。当然，有时候孩子因为太专心地要摆脱生气的感受,会无法听到或听进去任何人对他说的事情。这时,他们可能只需要家长陪伴在旁,理解且承受正在发生的强大感受,或是拥抱着他们,不用多说一语。

经历愤怒,如同一艘船穿越暴风雨一般,会让人感觉害怕和危险,但此时需要的只是忍耐。对孩子说"不"是亲子教养中基本的和必要的部分。对于孩子而言,学习应付父母说"不"所带来的挫折感受,也是发展过程中相当重要的一课。忧心的家长常常会来到诊所,表示小孩"不听话",并且在遵守父母所设定的限制上有困难。然而,我们通常会发现,这些家长可能来自规矩甚严的家庭,于是决定不让自己的孩子有相同的经历。也有拥有"自由自在"的童年时光的父母,在小时候仅需要遵守较少的规定,因此会犹豫是否要为孩子设下严格的规矩,或要求他们遵守日常生活中的作息安排,或坚持采用一致的管教方式。

> **贴心小叮咛**
>
> 在孩子的发展过程中,学习如何表达愤怒的情绪是相当重要的。不能每次都靠哭、闹、尖叫、踢打或搞破坏来发泄怒气。

说"不"需要理由吗？

当父母对孩子说"不"的时候，孩子会让他们觉得自己冷酷无情、不讲道理。于是父母会因为剥夺了孩子的权利而产生罪恶感和难过的情绪，虽然他们心里明明知道自己拒绝孩子的行为是有道理的，而且是有一定的必要性的。有时候，父母还担心这会让孩子受挫折，可能会造成伤害。因此，家长很难狠下心来说"不"，而孩子也会感受到父母是不是真的在拒绝或限制他们。要是爸妈不赞同彼此的处置方式，孩子也是会感受到的。

有时候，在父母拒绝孩子的要求时，会觉得应该给一个合理的、具有逻辑的理由，这可以让爸妈觉得在对孩子说"不"和设定限制时，其实并没有伤害到他们。相反，清楚的界限可以给孩子带来安全感和满足感。如果他们觉得没有人可以阻挡他们，可以为所欲为，反而会变得相当担忧。这会让孩子有种自己无所不能的错觉，也会让他们觉得没有安全感。因为如果父母没有能力阻止他们，又无法保护自己或家人不被攻击，那他们该如何让孩子感觉安全无虑呢？这可能导致一个恶性循环，小孩会变得越来越反应过度，不停地测试家长的底线，来知晓爸妈最后到底可不可以或会在什么时候制止他们。有时，孩子会在父母制止他们时快速冷静下来，甚至看起来有松了一口气的样子，这让父母既惊讶又高兴。因为孩子可以脱下"无所不能的硬汉"的外壳，表现出自己的小弱点，表达幼小软弱无助的感受、担忧和恐惧，知道父母会保护他安全无虑，而且知道他的极限在哪里。如果孩子在心烦或不高兴，可能就不能采用说服解释或试图理解其心态的方式了。有时候，孩子必须要知道有些事情是不可以的，原因就只是爸妈说了"不"。

> **贴心小叮咛**
>
> 如果孩子心烦或不高兴，就不能采用说服解释或试图理解其心态的方式。有时候，小孩必须要知道有些事情是不可以的，原因就只是爸妈说了"不"！

然而，判断在什么时候该对孩子说"不"，对父母来说也具有挑战性。3岁孩子的意志可以相当坚定，他们对环境好奇，且乐于探索世界，对事物的运作非常感兴趣，尤其是对爸妈喜欢使用的物品的兴趣，如手机、爸爸的刮胡刀、妈妈的吹风机或是笔记本电脑。很多东西看起来都非常吸引孩子去碰触、放在嘴巴里尝尝看、感受一下，而他们也需要体会到整个世界是一个安全、有趣的地方。我们并不想让孩子因为觉得世界有太多危险而感到焦虑，或是打击他们的决心和热情。不过，我们的确需要确保孩子知道周遭环境里存在的危险，例如，路上的汽车、炉子、火焰等。当物品真的有危险或有造成伤害的可能性时，家长的态度要明确。不过，在日常生活中，爸妈会遇到一些"灰色地带"。此时，就得衡量哪些情况是需要有所坚持的，哪些情况又是可以睁一只眼、闭一只眼的。

一致的标准很重要,这样一来,孩子才会了解界限在哪里。不过,可能还是需要保留可以迂回协商的空间。举例来说,如果孩子觉得不舒服,可能会需要父母陪在旁边,想要跟爸妈睡几个晚上。在这种状况下,决定什么时候让他回自己的房间去睡,便是一个需要小心处理的问题了,而且不管孩子如何抗议,都要坚持立场。有些家长规定孩子在吃饭前不能吃冰激凌,但如果孩子刚才去看病时挨了一针,或愿意去车站给爱他的祖父母送行,或许就可以破一次例。

一手拿胡萝卜,一手拿棒子:贿赂和威胁

家长有时候会答应给孩子玩具或甜食,只要他们在店里乖乖的,或是在聚会时保持安静。然而,在紧急时刻之后给予一个奖赏,跟贿赂有什么不同呢?其中的差异就在于父母是否想要对眼下的状况保有掌控权,并根据对孩子的了解做出这样的决定,还是任由孩子予取予求。如果告诉孩子看完牙医、确认他的牙齿都很健康之后,会带他去吃麦当劳,孩子便会

> **贴心小叮咛**
>
> 奖赏和贿赂最大的差异是谁握有掌控权,父母掌控是奖赏,由孩子掌控可能就变成贿赂了。

有所期待。如果孩子觉得这是自己的决定，而且不管怎样妈妈都会答应他的要求，他就觉得自己无所不能，而且可能会发展这样的控制方式，要求得更多。孩子可能看不出，其实妈妈才是那个主导者，即使那可能不是一个愉快的经验，但对他是有好处的。

威胁是贿赂的另一面，两者都会用到"如果你不这样做，我就会怎样……"或是"如果你这样做，我就不怎样……"的方式，这都是基于掌控权的争夺，而非考虑到孩子的需求。威胁的方式会让孩子过于惊恐，而无法把事情做好，甚至会惹出更多的麻烦，他们可能会因为恐惧而服从，但并非是真的愿意合作。大人很容易就落入一个陷阱，利用不可能发生的事情来威胁孩子，例如，取消他的生日派对——事实上，这是不太可能的。3岁的孩子有着绝佳的记忆力，而且可能很快地就会发现，其实爸妈所威胁的事情不会真的发生。具有暴力性质的威胁会吓坏孩子，而且会让孩子变成被迫顺从或是表面变"乖"。

> **贴心小叮咛**
>
> 威胁的方式会让孩子过于惊恐，而无法把事情做好，甚至会惹出更多的麻烦。

威胁要遗弃孩子，或把他送走，会导致与预期相反的结果。在一个大型教学医院里，有个妈妈和她的孩子坐在候诊室里等待接受 X 光扫描。女儿有点坐不住，先是跟妈妈要她的"故事书"，之后又要"喝水"，最后在候诊室里的椅子上跳来跳去。这时候，妈妈说："如果你再不停下来，我就要把你带到监狱去关起来。"

小女孩听到后，看起来很害怕且抗拒地说"不要"，之后便停止在椅子上跳来跳去了，之后的一个半小时都安静地坐着。

如果不久之后这个小女孩还需要去医院，她心中会有"医院是一个可怕的地方"的印象，由于她的"不乖"，那么作为惩罚，她会被独自留在医院里。相同地，家长若因为孩子不乖而威胁着要把他们留给保姆或是留在商店里面，之后都有可能导致问题。尤其是如果之后送孩子去幼儿园，孩子会担心如果没有表现得非常完美，爸妈便会把自己留在那里。

你同意打孩子吗？

有时，家长会失去控制，动手打孩子，尤其是当孩子做了危险的事情时。格蕾丝的女儿贝丝趁妈妈不注意，跑到了车水马龙的大马路上。格蕾丝吓坏了，她跑过马路，抓住女儿狠狠打了她，且生气地大声责备了她，接着自己也哭了出来。格蕾丝因为担心女儿发生危险而受到惊吓，而且反应过度并失去了控制。

家长管教孩子的方式多有赖于自己小时候成长的经历，以及家长当时对自己的期望。有些父母仍记得小时候被打的恐怖感受，而下定决心不要让自己的孩子有相同的经验。但有些家长觉得挨揍其实也没什么大不了的，因此也会用相同的方式让孩子听话。很多人声称自己宁愿被"狠揍一顿"，因为"之后就不敢再犯了",也不愿忍受亲子之间的对峙和生彼此的气。看来,比起思考事情引发的情绪压力,忍受一时的生理上的痛楚似乎容易许多。

既然孩子将爸妈的行为视为仿效的对象,那么在遇到挫折或感到生气时,较常挨揍的孩子很有可能会产生与父母相似的反应。在他们的经验中,父母不会坐下来和他们谈谈那些犯错的行为和事情,他们也不觉得父母会试着了解这个行为背后想要传达的意思。虽然我们常常需要马上就阻止做一些危险或具有伤害性的行为,但这不表示事后我们会放弃,或是不能够设身处地尝试了解他们当时的感受或想法。

我并不建议把打孩子当作日常的管教方式,孩子表现良好可能是出于害怕,而不是出于想要取悦自己喜欢的大人。他们会变得顺从、害羞,学着阳奉阴违,因为想要反抗而有鬼鬼祟祟的行为,通常会包括将伤害加诸年纪较小的孩子,以强化自己对于苛刻的父母的认同。家长有时候会说:"要是有人咬你,你就咬回来——只有这样,对方才能知道你的感受,才不会再犯!"但是,用相同的行为报复,无论是打人、踢人还是咬人,父母就变回了"小孩",而且不会去思考孩子的行为背后的原因。家长只是将孩子的感受硬压了回去,这会让他们感到更生气,而且这样的感觉也是孩子急于摆脱的。要停止这个恶性循环,得

┌─ **贴心小叮咛** ─
│ 无论是打人、踢人还是咬人,都会把父母变回"小孩",而且不会去思考孩子的行为背后的原因。

依赖爸妈去试着了解孩子想要传达的讯息。

自从3周前奥斯卡的父亲抛弃了家庭,奥斯卡和妈妈就承受着生气和难过的感觉。妈妈觉得筋疲力尽且易怒烦躁;而奥斯卡渐渐变得无法无天,会在家具上跳来跳去,把办家家酒的玩具一件一件地丢在妈妈身上。最后,当妈妈把玩具拿走时,奥斯卡发了一顿无法控制的脾气,在妈妈的手上用力地咬了一口。妈妈怒不可遏地打了他。愤怒的感觉无法控制地盘旋,在两人之间来回反弹震荡。这时候,奥斯卡跌坐在沙发上,坐在一团混乱中悲惨地啜泣。当他哭泣的时候,他的弱小和脆弱让妈妈的愤怒慢慢地平息下来。她记起奥斯卡还只是一个小孩,尤其是在这个时刻,更需要妈妈的安抚,即使他表现出了"坚强"的样子。妈妈把奥斯卡抱在腿上,让他哭了好一阵子,让他可以宣泄已经压抑了许久的难过悲伤和失落的感受。

第五章
找出问题，解决它！

本章中将提到有关幼儿的如下问题：尿尿问题，如乱尿、尿床；睡眠问题，如不肯去睡觉、怕黑、怕鬼、夜惊；饮食问题，如挑食、食欲不振、垃圾食品，还有食物与多动的关系。

除了举了很多真实的案例外，本章还探讨了背后的形成原因，让父母多方面地了解孩子。

孩子此时也开始注意到男女的性别差异，开始形成对性别角色的认同，父母该抱持什么样的态度？

当家中发生变故时，又该如何处理自己和孩子的伤痛呢？

没有具体的做法，但有概念式的原则供父母参考。

如厕训练·故意乱尿·尿床

很多3岁的孩子都是干净清爽的,不过不时地会有意外,平时可以完美做到的事情,偶尔也会有退化的可能,例如当有新生儿的时候,不过这也是正常的现象。他们可能会像"小宝宝"一样要求包尿布,或是尿床。父母最好不要太大惊小怪,因为过不了多久,他们就会像以前一样如厕了。有些家长会开玩笑说,如果自己的孩子可以跑去拿纸尿裤,就表示他们已经大到可以自己上厕所了。在一些家庭里,在未来一段时间中,可能还会常常听到"来帮我擦屁股"的喊叫声。

任何生活中的例行活动的改变,例如,去度假、和父母短暂地分离、搬家或是染上重感冒,都有可能让孩子又弄脏自己或尿床。这样的状况可能会持续到他适应新环境为止。3岁的亚当进行如厕的训练已经有好几周时间了。最近晚上得由姨妈来照顾他。当姨妈到来时,亚当跟她打招呼说,"你好,大便",然后哈哈大笑起来。在接下来的5分钟里,他会不停地提到"大便"的字眼,并且笑个不停。妈妈和姨妈经过讨论之后,觉得这可能是因为亚当对在外留宿有点不安,且可能不知道自己是否可以像在家里一样自己去上厕所。他似乎在测试姨妈是否可以接受他的大便字眼,和他如果不小心"大便"了的状况。

快要去游乐场或上幼儿园时,尚未训练孩子完成自行如厕的家长会担心孩子被耽误,因为很多幼儿园都要求孩子可以自己去上厕所。不过，家长最好别给孩子太大的压力，试着放轻松，并且尽量鼓励他们。当孩子处在太大的压力下时，他们可能会过于担心保持清洁这件事，而在画图或玩沙的时候害怕把自己的衣服弄脏。孩子可能会因为害怕弄脏衣服或弄乱头发而消极地在旁边看着他人玩，而不愿意主动参与。

如果一个孩子原本是干净清爽的，突然开始变得脏乱和邋遢，这当中可能有不为人知的原因，通常可能是有某种焦虑，需要花时间来探明。孩子可能对于要表现出自己是一个勇敢的大女孩，可以留在幼儿园里，而感到压力很大。睡觉时，由于从这样的紧张状态中放松了下来，她的担忧便和尿液一起流了出来。她的父母可能正遭遇婚姻问题，孩子可能在家里听到了比平常更多的争吵。他们可能浸泡在这样的紧张气氛中，而无论是在白天还是在晚上，尿床就是应对这种压力的一种反应。有时候，家长认为让小孩接受咨询服务会有帮助，专家可以协助父母找出孩子行为变化背后的隐藏原因。

> **贴心小叮咛**
>
> 尿床是幼儿对于压力的一种反应。

有些孩子可能可以自己去厕所尿尿，不过大便的时候还是需要靠尿布。这样的状况可能有许多不同的原因。他们可能害怕会掉到马桶里，或是害怕大便掉入马桶水中的声音。这会让他们觉得好像失去了自己身体的一部分，而且他们讨厌马桶冲水的噪声。尿布的合身感觉会让他们觉得大便仍然是自己身体的一部分。孩子在大便时也可能会有特殊的模式或行为。史蒂芬想要大便时，会要求穿纸尿裤，并跑到爸爸的书房里，翻着自己的一本作业簿。他大概需要让自己觉得自己的上半身是一个"大人"，而去忘记下半身正在进行着一个"婴儿般"的行为。对家长来说，大便可以是一个珍贵的宝藏或礼物，当孩子在马桶或便桶里投入东西时，爸妈总是显得相当高兴。由于这个时期的孩子对于自己的身体构造和身体制造出来的废弃物都相当感兴趣，所以在他们的想象里，粪便和尿液有着神奇的魔力。例如，孩子会想象他们的粪便是一件强力的武器，可以拿来轰炸敌人。约翰尼坐在自己的小马桶上大便的时候，会发出和他玩士兵游戏时一样的声音，"乒，乒，咻，蹦"，展现出自己的"扑通"（这是他对于大便的称呼）是一件多么危险的武器。

尿液也被视为一种糟蹋东西的方式，或是具有破坏性的事物，孩子会故意尿在地毯上、爸妈的床上或其他家具上，来表示他们生气抗议。

梅芙的妈妈要离开家几天。爸妈已经跟她解释过她最好的朋友的妈妈会去幼儿园接她，照顾她到傍晚，直到爸爸来接她回家。爸爸也答应周末带她去动物园玩以作为奖赏。妈妈要出门的前一天，梅芙在客厅里看《天线宝宝》的电视节目时，看到妈妈的行李袋半开着放在地上，她把行李袋打开，把所有的东西都拽了出来，并在袋子里尿了一泡尿。她高兴地大喊着："我尿尿了。"妈妈进来时看到了这个具有破坏性的场面。梅芙让妈妈体验了自己的感受,自己对事情被弄乱和被破坏的感受。

需要一个安静放松的反省时刻

孩子在一天结束时需要和他所熟悉的大人一起度过一段时间,以便用一种轻松的方式来"消化"这一天发生的事。他们需要一个机会来回想这一天所发生的事情和活动,但是要以自己的步调来进行,并且需要家长来引导和训练他们的思绪。但是,这跟在面对访客(或是在电话中)时的压力是不同的。例如,当父母鼓励他们"告诉潘妮姨妈,你在动物园里看到了什么,还有你明天要去哪里玩"的时候。家长会对孩子出去玩时学到的见闻感到惊讶。在安静的时刻与孩子的对话往往能发掘他们心中真正的想法。他们可能会对进入"洗车机器"感到兴奋和害怕。或当他们注意到一只猫咪跳到屋顶上时,可能突然发问:"猫咪的宝宝在哪里?"

米尔恩的著作《小熊维尼》中描述了这样一个安静反省的时刻。维尼下午抓着一只气球飘到了一个有蜂窝的大树旁边,因为害怕被蜜蜂蛰,便要求好朋友罗宾用他手上的长枪射下气球,

> **贴心小叮咛**
>
> 在安静的时刻与孩子进行对话,才能慢慢发掘他们心中真正的想法。

但罗宾的第一枪没瞄准,打到了他的朋友。在经历了这场冒险之后,两人回到家一起洗澡。这时,罗宾终于有机会反省这件事情了,并且和维尼一起进行了讨论,证明了一再地和某人诉说一段冒险经历,会让这段经历变成一个真正的故事,而不仅仅是记得的叙述。罗宾终于可以说出当他开枪时,他有多么不安了,他担心会真的伤到维尼。维尼跟罗宾保证,他没有伤害到自己,他可以安心地去睡觉,并会有一夜好梦。

善用故事书,帮助亲子处理情感经验

绘本是一个非常好的能够让家长和孩子安静相处的工具,尤其是在辛苦了一天之后。在这个阶段,就连较小的孩子都能在故事书前待上一段时间。而这样的互动方式会显得特别珍贵。儿童故事书用轻松幽默的方式探讨了不同的重要主题,而且可以形成讨论的重点,并提供深度的娱乐。这些书籍通常都很漂亮,并有着精美的插图。有些故事是以简单的家庭活动为基础的,像莎拉·嘉蓝(Sarah Garland)所著的《帮忙洗衣服》(*The Doing Washing*)或《一起去买菜》(*Going Shopping*)。也有富有想象力地探讨孩子的内心世界的,例如,海文·欧瑞(Hiawyn Oran)和绘图者北村悟(Satoshi Kitamura)合著的《生气的阿瑟》(*Angry Arthur*),描述了一个孩子想象自己的生气感受强大到可以摧毁世界的地步。戴维·麦基(David McKee)的《冬冬,等一下》(*Not Now Bernard*)表现出了男主人公冬冬徒劳无功地想要引起父母的注意，直到自己变成了一只怪兽，爸妈才终于注意到他——图画表现出了到这个阶段时，他是多么的生气；他要变得多么野蛮，才能让其他人注意到自己。海伦·库柏（Helen Cooper）的《是小怪兽做的！》（*Little Monster Did It!*）点出了孩子对于把内心的"怪兽"从"好孩子"的个性中踢出去的需要，无论发生什么坏事，都可怪罪给那个"怪兽"。莫利斯·桑塔克（Maurice Sendak）的《野兽国》（*Where the Wild Things Are*）利用文字，把孩子心中的那些"怪兽"和生气的感觉表达了出来，这些可能都是孩子自己无法用语言描述的。安东尼·布朗（Anthony Browne）的《大猩猩》（*Gorilla*）唤起了孩子的幻想世界和梦中情境，汉娜的爸爸总是太忙，而没有时间跟她一起玩，她对爸爸送的大猩猩产生的失望感受在梦中转换成了欢乐。在梦里，大猩猩（隐喻汉娜的爸爸）用很多的点心和带她去探险来取悦她。在这个故事中并没有提到妈妈的角色，结束的时候，是汉娜和爸爸在草地上一起跳舞，暗喻着一个小女孩希望自己在爸爸的生命中拥有特殊的地位。

> **贴心小叮咛**
>
> 儿童故事书常用轻松、幽默的方式来探讨不同的重要主题，而且可以形成讨论的重点，是让家长和孩子享受安静时光的好工具。

很多绘本描述了小孩在日常生活中会遇到的难题。玛莉·狄克森（Mary Dickinson）的《艾力克斯的新衣》（*New Clothes for Alex*）描写了艾力克斯长大后会买和小时候一模一样的衣服，只是尺寸较大。这个故事探讨了孩子对于相同事物的喜好：孩子常常坚持要穿自己特别喜爱的服饰，直到破得不能再穿了为止。佩特·哈金森（Pat Hutchins）的《小帝奇》（*You'll Soon Grow into Them, Titch*）着重于孩子在家庭中的地位；帝奇——家中最小的孩子——得接收哥哥姐姐穿不下的所有旧衣物。艾瑞·卡尔（Eric Carle）的《坏脾气的瓢虫》（*The Bad-Tempered Ladybird*）描述了一只爱虚张声势的瓢虫，老是爱挑衅比它大或比它强的动物。艾瑞·卡尔的《顽皮变色龙》（*The Mixed-up Chameleon*）和《你想跟我做朋友吗？》（*Do You Want to Be My Friend?*）都着重在孩子的自我认同和对友谊的焦虑上。艾伦·安博（Allan Ahlberg）所著（由 André Amstutz 绘图）的《泡沫太太的洗衣工作》（*Mrs Lather's Laundry*）描绘了孩子参与父母的工作，描述手法相当幽默，但并没有取笑大人的意味。艾瑞·卡尔的《好饿的毛毛虫》（*The Very Hungry Caterpillar*）则是利用孩子容易理解的叙述手法，来阐述毛毛虫蜕变成蝴蝶的复杂概念，并且描述了在一周中计算日子的方式。

童谣书，除了可以让孩子背诵之外，还可以让他们有参与感（唱出下一段），这也是培养阅读习惯的好工具。例如，昆丁·布莱克（Quentin Blake）的《大家一起来！》（*All Join In*），以及珍娜·安博（Janet Ahlberg）及艾伦·安博（Allan Ahlberg）的《桃子、李子和梅子》。很多书都着重在某些特定的主题，如食欲减低

[薇薇安·法蓝曲（Vivian French）的《奥利佛的蔬菜》(*Oliver's Vegetables*)]、如厕训练 [东尼·罗斯（Tony Ross）的《我要我的马桶》(*I Want My Potty!*)]、友谊关系 [山姆·麦布莱尼（Sam McBratney）的《我不是你的好朋友》(*I'm Not Your Friend*)]、就寝时间 [马丁·瓦道（Martin Waddell）著，Barbara Firth 绘图的《小熊，你睡不着吗？》(*Can't You Sleep, Little Bear?*)]。长久以来，童话故事一直都受孩子的喜爱，虽然有些故事对他们来说可能过于可怕。

最后，对已经忙碌照顾了孩子一整天的家长来说，故事书可能正是他们所需要的，而且可以让孩子认同自己的父母：吉儿·莫非（Jill Murphy）长期以来颇受大家喜爱的《让我安静五分钟》(*Five Minutes' Peace*)，便描述了大象妈妈微不足道的愿望，希望能够在洗澡的时候，享受5分钟安静的时光。

幼儿为什么会睡不好或睡不着呢？

就寝仪式

孩子需要一些仪式，来让他们觉得凡事都在控制之中，尤其是就寝的时候。这让家长仍然可以在最不寻常的状况下，严格执行就寝的仪式；同时也让孩子在陌生的环境下，得到一种规范上的熟悉感。邦妮的父亲总是在她要睡觉前唱某一首歌来哄她睡

> **贴心小叮咛**
>
> 幼儿们需要一些仪式，来让他们觉得凡事都在控制之下。

觉，并且会敲打床边作为结束。在前往法国度假的路上，有一天，邦妮和家人必须和另外两个人共享一节卧铺。尽管有点尴尬，但父亲仍然唱歌哄她睡觉，并且带着伴奏地结束了这个就寝仪式。

父母夜里的小访客

我之前讨论过孩子对父母的俄狄浦斯情结，以及这样的状况会如何影响到他们的睡眠。孩子对于爸妈的亲密关系有着复杂的情绪，并且不会乖乖地"上床睡觉"，好让父母享受在一起的夜晚时光。他们可能会在晚上闲晃到客厅，或是半夜醒来"检查"爸妈在做什么，或者爬到父母的床上睡觉，除非爸妈坚持赶他们回自己的房间去。家长有时候可能太过疲累，而放弃了与孩子争执这件事情。然后孩子便和他们挤在一起，不舒服地度过了一晚。或是玩起"大风吹"的游戏，父母中的一位离开自己的房间，去睡孩子的空床。

多数的孩子在晚上会有固定的睡眠模式。3岁的孩子可能在白天有睡午觉的习惯。有些孩子天生需要的睡眠就比较少，所以晚上仍有旺盛的精力。可以确定的是，到了16岁的时候，你的孩子每逢周末都会一觉睡到中午，这时候，你会挣扎于要如何叫醒他们。

该睡觉时就不要依依不舍了

很多孩子会经历睡眠被打断的问题，常常是因为尿床，其背后的原因通常是心理因素，特别是当孩子有所担忧时，即要和家长分离的时候。晚上通常是孩子感觉比较脆弱的时候。白天，孩子会忙碌地跑来跑去，过着充满冒险的生活；到了晚间，他们会变得像婴儿一般的需要帮助。人们说"坠入梦乡"，其实不是没有道理的，因为一个人的确要坠入"睡眠"之中，才会睡着。这样的状况表示孩子必须要放手，要和熟悉的事物分开。这就是为什么就寝仪式相当重要，因为这是一个进行转换且正式的仪式，让家长和孩子在一天结束后，能够与彼此分离。

家长常常描述在孩子的就寝时刻会出现两难的情形，孩子一会儿要"再亲一下"，一会儿说要喝水。很明显，放下父母去睡觉是一件相当困难的事情。黑暗会突然变得很不友善和令人恐惧，以某个角度摆放的椅子可能看起来像个人。在孩子可以放松和睡觉前，进行各式各样的检查和重新安排可能是必要的。父母需要表现出善意，但态度要坚定，这样通常都可以达到想要的效果。虽然生病、放假或搬家有时会让规律的生活作息一度中断，但假以时日，孩子还是会习惯的。

> **贴心小叮咛**
>
> 给孩子一个安全又舒适的睡眠环境，拒绝任何不合理的延迟上床睡觉的理由。

老是替别人担心

如果家长觉得焦虑、难过或心神不宁,比如想着家庭聚会的事情,孩子都会感受到,并且会在晚间变得更为脆弱。当妈妈返回工作岗位或是需要增加工作时间的时候,孩子通常会在晚上比较多地醒来。换保姆或是幼儿园的老师有所变动,也会让孩子睡得较不安稳。如果他们在睡觉前有机会和大人讨论白天所发生的事情,晚上睡不好的可能性就会较低。让他们心神不宁的事情可能会一起出现,可以让他们说出自己害怕、担心或觉得高兴的事物。孩子可能会在放假、过生日或过圣诞节的前几天便开始感到兴奋,而无法入睡或太早醒来。

> **贴心小叮咛**
>
> 幼儿白天过于兴奋或忧虑,都会让他不好入睡或太早醒来。

对夜晚的恐惧:怕黑、怕鬼、怕怪物……

孩子通常会怕黑,而且会想象熟悉的事物变成可怕的巫婆、大野狼或鬼魅。他们可能会半夜来到父母的房间里寻求安慰。虽然家长可能觉得把一个饱受惊吓的孩子送回自己的房间里去是一件残忍的事,但要是爸妈每次就让孩子留在自己的床上,孩子可能会开始相信只有父母才可以分担自己对夜晚的恐惧,也会觉得自己一个人睡在床上是不安全的,而且外面真的有恐怖的生物。孩子需要大人正视他们的恐惧,但也必须要知道外面没有恐怖的生物，因此晚上不需要大人的保护。

做噩梦了

孩子在大约2岁的时候开始了解到晚上睡觉的时候会做梦，而且偶尔会在醒来之后表示自己做了一个梦。他们可能无法详细地描述梦境，因为那可能仅是印象与影像的混合，而非连续性的事件。更常发生的状况是，孩子因为做噩梦而尖叫着醒来。他们会觉得噩梦里的梦境是"真实"的，需要有人来给予安抚，并把自己带离房间。有时，孩子会告诉父母噩梦的内容，并且不愿意再回到自己的房间睡。如果孩子在白天特别的兴奋，晚上就有可能做噩梦，把白天兴奋的活动内容转化成前来复仇的人物、怪兽或是电视节目里的"坏人"。

当妈妈把比利从前院叫进屋里去洗澡的时候，他非常生气，大喊着："我恨你！"还把自己的惠灵顿靴子朝妈妈的方向扔了过去。洗完澡后，比利看了《三只小猪》的卡通影片。那天晚上，他睡到一半醒来并尖叫着："救命，大野狼要咬我！"他梦中的大野狼正要闯进屋子。在做出来对妈妈的敌对行为之后，即使是在自己的"砖造水泥房子"里，比利也不觉得安全。

如果孩子做噩梦，家长需留意他们所看的影片和电视节目，即使是已标示适合孩子观赏的类型，也有可能让他们惊慌。我们不能假设孩子在感到害怕时会关掉电视，或跑出房间。他们有时可能会这样做，但有时候，孩子会克服自己的恐惧继续看下去，且一而再再而三地看下去，就好像他们已经习惯了一样。他们会呆若木鸡地坐着，不过如果你仔细观察，他们会握紧拳头，因为害怕而无法动弹，但还会继续看下去，直到痛苦结束为止。我们不可能完全保护孩子远离所有的恐怖画面，而且也无法预测什么样的景象会让孩子感到恐惧，即使有些节目标榜着是适合幼童的，如哑剧和布偶剧，也有可能太过火了。要是过于受到惊吓，他们未来可能会拒绝到剧院，因此，最好事先检查孩子所看的节目内容的相关细节。

> **贴心小叮咛**
>
> 如果孩子做噩梦，家长需要注意他们所看的影片和电视节目，即使是已标示适合孩子观赏的类型，也有可能让他们惊慌。

孩子从电视或广播节目里所吸收的信息远超过我们的想象。当很多家长惊恐地看着电视上播放的关于"9·11"恐怖袭击事件的相关节目时，孩子就在附近玩。父母讲述了当自己发现孩子开始将恐怖的景象展现在游戏里面时，所感受到的讶异。例如，孩子会建造一座积木搭的高塔，然后尖叫着推倒它。很多孩子做噩梦的原因是在电视上看到的画面。

若孩子曾经有过创伤，比如经历过车祸、火灾或是其他灾难，也会因此做噩梦，梦境中会重现这些创伤的场景。此时，家长需要咨询专业的意见，以便为孩子提供最好的帮助。

夜惊

有时,孩子噩梦中的恐怖人物会被投射到日常生活中的熟悉和亲近的人身上,他们会因此开始对这些人感到害怕。会夜惊的孩子半夜醒来时处于恍惚的状态下,需要过一段时间,问题才会渐渐浮现。

在一天辛苦的车程之后,盖尔和父母抵达了海边的房车露营地。这是她第一次搭乘露营房车旅行。她坚决拒绝跟妈妈进房车里的小浴室刷牙。最后,妈妈失去了耐心,对着她大吼大叫。后来,母女俩一起坐下来读了一本新的故事书,由海伦·尼柯(Helen Nicoll)和杨·平考斯基(Jan Pienkowski)所著的《巫婆梅格的蛋》(*Meg's Eggs*),书中描写一只大恐龙宝宝孵化一颗巨大的蛋。晚上,盖尔的父母被她害怕的尖叫声惊醒,她醒来以后坐在床上,似乎认不出爸妈。妈妈递给她一杯水,但盖尔推开妈妈的手,杯子被摔到了房间的另一边,而且只要妈妈靠近她,她就会害怕地尖叫。爸妈觉得她可能生病了,希望天亮的时候,盖尔能够恢复。

然而,到了早上的时候,盖尔似乎还是很恍惚,而且害怕地看着妈妈,好像她是一个巫婆。只有爸

> **贴心小叮咛**
>
> 有时,孩子噩梦中的恐怖人物会转化,并投射到日常生活中所熟悉和亲近的人身上,他们会因此开始对这些人感到害怕。

爸能够接近她。于是爸爸便带她去海边散步，突然间，盖尔开口说："妈妈……恐龙……宝宝……"这让爸爸猜到了造成她夜惊的原因。一整天长途旅行和对不熟悉环境的陌生感，导致盖尔晚上睡不安稳，而在她和妈妈一起读的那本故事书里，巫婆生了一个"怪物宝宝"（恐龙）似乎和盖尔自己的困难有一定的关联，"怪物"的行为和妈妈"像巫婆一样"的吼叫，都刚好发生在她去睡觉之前。这些似乎混在了一起，形成了一个可怕的混合物，也就造成了盖尔的"夜惊"。她似乎被困在自己的噩梦当中，因此妈妈看来真的就像那个"坏巫婆"一样。

食物与情感之间的联系

食欲不振和饮食担忧

对许多人而言，关于食物和饮食的议题，总是会引起很强烈的情绪感受，这与早期经验有关。孩子与食物的这种关系与妈妈喂奶的早期经验紧密联系。要是母子关系有一个好的开始，从亲喂母乳或使用奶瓶，到断奶，再到吃固体食物，整个过程都很平顺，那么到3岁时，孩子会有自己喜欢的食物，也会好奇地尝试其他食物。可是事情不见得都如此顺利，饮食困难通常都建立在情绪的基础上：有些婴儿可能还没适应失去母亲的乳房或奶瓶，特别是当断奶的过程太过短暂时。孩子可能会因为不想脱离早期喂食的阶段而偏好婴儿食品,如牛奶或软酸奶,而拒绝吃需要咀嚼的或块状的食物。

有些孩子可能会觉得等待喂食是

> **贴心小叮咛**
>
> 假设母子关系有好的开始,从亲喂母乳或使用奶瓶,到断奶,再到吃固体食物,整个过程都很平顺,那么到3岁时,孩子会有自己喜欢的食物,也会好奇地尝试其他食物。

一件很难受的事情,而拒绝母亲亲喂,很小就学会了如何自己拿着奶瓶喝奶。这样的孩子可能不会让自己吃任何婴儿食品,而会偏好吃可以自己用手拿的食物。我们可以了解,当孩子拒绝妈妈精心准备的食物时,妈妈会多么伤心。不过这通常仅是一个短暂的阶段而已。在某些特殊的案例中,孩子会完全拒绝吃家里煮的食物,只吃包装食物,或是罐头食物。这个状况可能显露出了这对母子之间有某些隐藏的情绪困难,可以寻求家庭儿童专家的咨询协助。

有些孩子会对使用自己的牙齿来咬碎坚硬的食物有所担心(通常是潜意识的),因为他们通常会希望通过使用牙齿来伤害或攻击其他人。牙齿是孩子发展出来的第一件武器。咬人行为也是幼儿园里常发生的问题。通常,处在这个过渡时期的孩子也会暂时对固体食物失去兴趣。

孩子的饮食过量也是一个隐忧,这也可能是母亲亲喂母乳或奶瓶喂食的早期经验引起的。或许,当孩子哭闹时,父母在没有弄清导致这个行为的原因之前，会理所当然地先塞给他一瓶奶。因此，给予孩子食物，不仅是因为他肚子饿了，也有可能是需要让孩子安静下来，或是要安抚他。这样一来，无论孩子是觉得有点孤单、害怕，还是内心空虚，都会想要吃东西。在幼儿园里，这样的孩子通常都会被认为是"贪心的"，可能需要他人的帮助才能满足他不同的需求，他们不理解其实还有很多不同的可以获得安抚和满足的方式。

绝大多数的孩子会喜欢某些种类的食物，虽然我们可能不认为那些食物有营养。训练自行如厕、日常规律的生活作息有所改变、发生了一些特殊的事件或是与父母的分离，都会对孩子的饮食造成影响。玛莉在家总能把碗里的食物吃光，可是当她开始在幼儿园里上全天班时，她几乎一点东西都不肯吃。在刚开始时，连续两天，只要她和其他八个小朋友一起坐在桌子旁边，她就会有呕吐的现象，就好像她生理性地想要摆脱难过的感受一样。玛莉的妈妈和幼儿园的老师怀疑，玛莉可能觉得幼儿园的吃饭时间太难以忍受了，因为这会让她想念自己和妈妈单独在一起时的亲密时光。于是妈妈决定让她恢复上半天班，观察情况是否有好转。当玛莉开始喜欢和她坐在一起的同学时，她便可以好好面对在幼儿园里的吃饭时间了。

挑食

虽然你的 3 岁孩子可能已经有很明确的爱好了，但继续提供不同种类的食物并提供一些（有限度的）选择让他们尝试，对孩子是有帮助的。孩子的喜好有时很难预测，他们现在可能很喜欢吃玉米和蛋糕，但可能突然就决定要尝试其他的，并表现得非常喜爱那种食物。苏斯（Seuss）博士所著的《绿鸡蛋和火腿》(*Green Eggs and Ham*)描写了鼓励山姆的场景，"试试看，试试看，你就有可能爱上它"，描绘出了有些孩子不敢尝试某些食物，但最后还是可以通过奖赏鼓励而接受。

> **贴心小叮咛**
>
> 通过鼓励和奖赏，可帮助孩子尝试新食物。

垃圾食品

因为担心孩子的牙齿、肥胖问题和多动倾向，越来越多的家长对于孩子所吃下去的"垃圾食品"感到担忧。饮食模式是在幼年时养成的。若是孩子习惯于健康的饮食，长大后发生肥胖和健康问题的可能性会较小。家长通常较爱护第一个孩子或是独生子女，不让他们饮用巧克力饮品或是甜的饮料。但到3岁的时候，要是家里有其他哥哥姐姐，孩子就有相当多的机会尝试绝大多数种类的垃圾食品。而密集的食物广告通常会让家长在限制孩子的饮食上备感困难。这些食物通常都含有较多的盐分、脂肪和糖分。

这时候便是家长练习在何时以及如何对孩子说"不"的最好时机。因为当他们想要多吃一片巧克力饼干时，如果父母中的一位拒绝了，孩子通常会狡猾地向另外一位提出请求。爸妈很快就会发现，虽然可以管控孩子在家里或是带他们出门时所吃的食物，但要想严格控制孩子和其他人在一起时的饮食，是相当困难的，例如，在孩子到朋友家吃午餐时。在餐前，朋友想要请孩子吃冰激凌，若是拒绝，孩子会觉得自己让朋友很尴尬；要是接受了，孩子又会觉得自己欺骗了爸妈，或是违反了父母定下的规矩。

若是因为健康（如糖尿病）或宗教因素，而必须要限制饮食，家长通常会事先告知朋友或是老师，以确保大人们知道该给孩子什么样的食物，或是提供其他的选择。这样一来，当他们身处可以自己选择食物的朋友之中时，就不用承受需要自我控制的压力了。

> **贴心小叮咛**
>
> 若是因为健康（如糖尿病）或宗教因素而必须限制饮食，请家长事先告知朋友或是老师，以确保大人们知道该给孩子什么样的食物，或是提供其他的选择。

是食物造成了孩子的多动吗？

很多家长认为食物里的食用色素、糖分和咖啡因与孩子的多动（或急躁）行为有关系，而想要减少孩子对这类食物的摄取。这可能有些根据，但要是家长认为饮食是导致孩子坐立不安或是无法专心的唯一原因，就可能注意不到其他的迹象，例如一些孩子所经历的情绪困扰，或是无法从容自在地表现。

性别差异与性别角色

很多家长表示，自从有了孩子，他们更相信基因对孩子在表达性别角色上有着很大的影响了，甚

> **贴心小叮咛**
>
> "基因"对孩子在表达性别角色上有很大的影响。

至大于他们之前所以为的。父母可能出于好意而为孩子尽量提供一样的游戏环境，或是不刻意把社会期望的角色加诸孩子，允许儿子玩娃娃，允许女儿玩刀剑玩具。但就算是男孩、女孩都玩一样的玩具，若是不加以干涉，所有的男孩还是会选择汽车和摩托车、刀剑和枪械；女孩还是会去玩办家家酒和娃娃。男孩会打扮成海盗和牛仔，国王和王子；而女孩会着仙女、公主和皇后的装扮。这只是大致的概况，而且更可见于小时候。这也有可能是因为在生理上，男孩的大肌肉运动技巧发展得较早，如跑、跳和踢；之后才会发展精细的动作技巧，如使用剪刀、精确地画画或着色。随着时间的流逝，孩子会根据自己的气质，在游戏里找到抒发的出口。当孩子逐渐进入外面的世界时（甚至是看电视时），我们都无法完全逃避某些形式的社会压力。然而每个人，无论是男是女，都有"男性化"和"女性化"的一面，了解到这一点是很

重要的。如果劝阻男孩玩娃娃或办家家酒，只因为这些是"女孩"的游戏；或是阻止女孩拿着刀剑打闹，只因为这些是"男孩"的游戏，会让孩子觉得很丢脸。当小男孩穿着妈妈的高跟鞋、提着皮包，或是小女孩穿着爸爸夹克的时候，有些家长会担心孩子是不是对自己的性别角色认同感到疑惑，而希望成为另一个性别的人。其实，这是不太可能的，孩子们会尝试不同的性别角色，试着扩展自己的经验，或是未来的发展可能性。如果孩子感受到了家长的焦虑，他们可能会认为这是一个禁忌，转而秘密地进行。如果早期的探索发展成变装癖，家长便该寻求专业的协助了。

> **贴心小叮咛**
>
> 我们要了解，每个人都有"男性化"和"女性化"的一面，只是程度不同而已。

当难过的事情来临时

多数孩子都必须多多少少地处理一些难过的事件。对有些孩子来说，家人（或自己）生病、父母分居或离婚，或是亲人逝世，会是正常生活之外的创伤经验。如果可以，事先帮孩子了解事情的程序可以帮助他们，例如，先带他去参观即将要去住的医院病房，以及利用简单的玩具告知其会发生哪些事件，顺序又是怎么样的。

要告诉孩子坏消息吗？什么时候说？要说多少？

孩子对时间的感受并不可靠，太早就告诉他们不愉快的事情或是困难的处境，会引起不必要的焦虑。在告诉孩子之前，大人需要先消化和吸收这个坏消息，否则他们自己难过和担心的感受便会波及孩子，而让他们觉得痛苦伤心。孩子需要得知离婚、生病和死亡的事实，但不需要知道血腥残酷或不必要的细节，这些会让他们提心吊胆和害怕。但如果没有告诉他们实际状况，或是因为害怕而没有去医院探望生病的爸妈，则会让他们难过伤心，他们会花更多的时间来想象，最后甚至可能会幻想出一个更可怕的情况。

> **贴心小叮咛**
>
> 在告诉孩子坏消息之前，大人需要先消化和吸收这个坏消息，否则会让自己的难过和担心波及孩子。

第六章
好棒，上幼儿园了

对于这个阶段的幼儿来说，最重要的一件大事是要上幼儿园了。

这是幼儿离开家到外面探索世界、接受团体生活的挑战的开始。你还记得孩子第一天去幼儿园的情景吗？每个孩子的反应都不一样，有的哭得声嘶力竭，害得家长，尤其是妈妈，也泪眼模糊；有的孩子则会很酷地跑开，连再见都不说，这就表示他们适应良好吗？

本章叙述了孩子上幼儿园时所遭遇的种种过程与状况。与父母分离、同伴之间的竞争及合作、争取老师的关注等，事事都考验着父母及3岁幼儿的应变力及适应力。

对孩子来说,从家到幼儿园的转换是一种既兴奋又充满挑战的经验。家是他们熟悉的环境,而且他们多多少少是大家关注的焦点,也有着属于自己的玩具或物品。在幼儿园里,他们处在一个全新且让人兴奋的环境中,要和一大群小朋友一同分享玩具、设备和老师的关注。不过,也会有很多的代偿,像是新的玩具和活动、宽敞的户外游戏的空间,以及可能会认识一群全然不同的孩子,并和他们一起游戏。但这也让孩子感到害怕,不是每个小朋友都是友善的,当事情进行得不顺利时,或在一天当中的某个安静的时刻(例如,吃饭或睡午觉的时候),他们可能会想念自己的父母。

绝大多数的幼儿园会安排几周的缓慢适应期,让孩子在父母离开之前,可以习惯幼儿园里的老师和环境,家长会慢慢地减少留在幼儿园里陪伴孩子的时间,直到他们可以自己应付一整天的幼儿园生活。孩子通常喜欢从家里带一件特殊的玩具或一些食物到幼儿园去。这些物品可以提醒他们在家里的生活,并让他们觉得有安全感。

> **贴心小叮咛**
>
> 可以让刚上幼儿园的幼儿从家里带一件特殊的玩具或喜欢吃的食物去幼儿园,让他们更有安全感。

说再见，很重要

可以预期孩子跟家长说再见的时候会觉得难过。但经过协助，他们会逐渐可以参与幼儿园里的活动，会渴望利用所有的新机会。然而，如果孩子哭个不停且紧黏着妈妈不肯放手，分离的时刻就相当痛苦了，好像是"生死别离"，好像自己再也看不到妈妈了。如果孩子在家不乖，他可能会以为妈妈想要遗弃自己。或者，孩子觉得和妈妈在一起的时间老是不够，妈妈总是要上班或去买东西，而把自己撇下。此时，如果孩子曾经有足够好的经验，比如家长来接他们的时候都能够好好地处理孩子的分离焦虑；加上幼儿园里能有一个主要的工作人员对孩子来说是很"特别"的一个人，就可以安慰他并帮他度过说再见的时刻，这对孩子会很有帮助。

有时候，爸妈会决定在孩子忙着玩的时候"溜走"，以避免他们难过。这样的情况造成的问题是孩子会突然发现父母没有说再见便离开了，然后就会开始对他们什么时候来接自己、甚至到底会不会来接自己回家而感到焦虑。他们可能会无法专心玩游戏，不停地观望，担心妈妈无预警地出现或是消失。

相较于紧黏着家长不放的伤心的孩子，有些孩子到幼儿园的第一天，便"头也不回"地跑开了，甚至连再见也没有说，就直接转身离开，然后消失，去骑三轮车或是忙着画画了。虽然他们看起来好像可以很顺利地处理分离，但也有可能不是这样的。不说再见便离去，可能表示孩子觉得分离太难以接受，唯一的处理方式就是转身离开，以为自己可以掌控这个分离的过程，让人感觉是他们撇下了父母，而不是父母离开了孩子。处理分离的痛苦和好好地道别，对孩子而言是一个重要的工作，而他们需要其他人的协助来处理这样的任务。如果孩子发展出了一种逃避这类状况的行为模式，那么在未来处理情境转换时，他们也会遭遇困难。

> **贴心小叮咛**
>
> 处理分离的痛苦和好好地道别，对孩子而言是一个重要的工作。

如果能让孩子知道谁会送他们去幼儿园以及谁会接他们回来，那么即使接送孩子的不是同一个人，对他们也是有帮助的。孩子对这个大人越熟悉，整个过程就会越简单。就像就寝时一样，若有一个固定的仪式，会帮助他们适应。瑞哈娜和妈妈每天早上在幼儿园分开时，都有一个固定的仪式：脱下外套，并在围兜上挂上名牌，然后妈妈坐在沙发上，选一本故事书，等着瑞哈娜爬上她的膝头，她们会一起念故事书，直到妈妈该离开了。妈妈会对瑞哈娜说："再见！"而瑞哈娜会回答："待会儿见！"她们会拥抱并亲一下彼此，瑞哈娜还会拍拍妈妈的头。

游戏帮孩子转移分离的痛苦

改变和转换是很痛苦的,但也是成长和发展中必经的重要过程。当父母不在身边时,孩子必须在心中找一个地方,存放对父母的回忆,来帮助自己应付爸妈不在的状况。如果孩子在幼儿园里能有一个支持和包容他的老师,他们就可以利用游戏的方式来表达这些经验,且慢慢学习利用语言表达自己的感受。这种利用语言的方式,可以帮助孩子发展思维和从经验与感受中学习的能力。

上幼儿园的第一周,每当妈妈准备离开并走到门口时,戴维都会伤心难过地大哭,哭到妈妈离开大楼时也眼泪盈眶,并觉得非常有负罪感。老师决定每天早上在戴维的妈妈离开时,都把戴维带到旁边的一个小房间里,让他独处几分钟,并给他一些

> **贴心小叮咛**
>
> 当父母不在身边时,孩子必须在心中找一个地方,存放对父母的回忆,来帮助自己应付爸妈不在的状况。

> **贴心小叮咛**
>
> 如果孩子在幼儿园里能有一个支持和包容他的老师,他们就可以利用游戏的方式来表达分离的感觉,并且学习如何用语言表达心中的感受。

小玩具玩。在老师的陪伴下，戴维开始玩一只大象和一只小象，握住这两只象，让小象的身体可以贴在大象的肚子下，他紧紧地握住不让它们分开，然后又放手让两只象掉落在地上，之后又把它们捡回来放在一起。老师问他在玩什么，戴维回答："这是一个动物掉下去的游戏。"然后转头看着窗外，似乎在寻找某人。

看来，戴维是在利用大象妈妈和小象表达一个情境：父母和孩子本来在一起，然后分开了，之后又在一起的情景。有老师在场时处理这样的问题，也许可以帮助戴维心中存有一个景象，一个妈妈离开后还会回来的景象。一周过后，在妈妈离开时，戴维哭泣的情况渐渐减少，最后他能适应这样的情况了。

接受集体生活的挑战

孩子在3岁的时候是喜欢交际的，并且可以从集体活动和讨论中学习。孩子们会在花园里玩水，或一起建造"垃圾雕塑"。只要集体不会太大且有适当的监督，这些活动就可以具有刺激及鼓舞的作用。在任何一个集体当中，总有一些孩子会成为领导，有一些孩子会较受欢迎，有一些孩子可能会有恃强凌弱的行为，有一些孩子会成为代罪羔羊或在融入集体时有点困难。上幼儿园是有趣的，但可能是一个压力源。在"点心时间"，新来的小朋友可能会来不及阻止旁边的小朋友偷咬一口自己的饼干，他可能会学着"强势"一点,当点心发下来的时候,快速地多拿了两片饼干,以确保自己能够在这个"残酷"的世界里得到应得的。但是我们并不希望孩子变得太过习惯于"最强者才得以生存"的想法。

家长与幼儿园的老师保持持续且固定的联系是很重要的,可以了解孩子的适应状况,可以了解和相互分享任何的担忧,以防范任何可能会发生的困难或问题。有时,父母会听到孩子谈论被打或被欺负的意外状况,而会想要直接联络对方的家长。当我们和孩子站在同一阵线时,拒绝涉入这样的状况是很难的。不过,有时候当家长们还在争论时,孩子们可能早就忘记这事了。

> **贴心小叮咛**
>
> 家长与幼儿园的老师保持持续且固定的联系是非常重要的,能了解孩子的适应状况,相互分享,以防范可能会发生的困难或问题。

竞争开始

在集体讨论的时候,3岁的彼得坐在格里格旁边,他们正在讨论要种什么样的植物。老师问大家,如果家里有花园,那么大家曾在自家花园里看过哪些花草。一个小朋友说:"我家有一个很大的花园。"彼得这时说:"我家有一个更大的花园,而且我家的花园里还有瓢虫。"于是,孩子们开始大声地争论谁家的花园比较大,老师听大家说了一阵子之后,便开始读故事书给

> **贴心小叮咛**
>
> 对抗与竞争会在集体中持续，孩子们处理嫉妒的方式就是让其他人来羡慕自己。

他们听。

对抗与竞争会在集体中持续，而且孩子们处理嫉妒的方式是让其他人来羡慕自己，用一种挑拨的方式诉说自己拥有一个特别的玩具，或是即将要去玩的地方。

最爱玩想象游戏

孩子通常会在集体中玩想象的游戏，为了表示勇敢而互相怂恿，或让每个人都因为害怕而颤抖。在集体讨论时间过后，格里格发现有一个男孩穿着狮子的衣服，他一边对着彼得大喊："天啊！有一只老虎，我们快走！"一边冲向房间的另一头。其他的男孩聚集在一起，开始鼓动彼此向那个穿狮子衣服的孩子发动攻击。格里格大叫着："老虎要来抓我们了！"爬到椅子底下躲起来，之后又爬出来说："快逃离开这只老虎。"他从玩具箱里拿出一些长木棍，并给了彼得一些，男孩们开始吼叫，挥舞着手上的"剑"，跺着脚且看起来相当兴奋。格里格这时候说："这些正好拿来杀死老虎。"穿着老虎衣服的小朋友开始向后退，而且看起来有点紧张。这个时候，老师走进来，站在旁边观察了一下，准备在孩子们太过分时，适时地阻止他们。

从这个情况里我们可以看出，格里格发起了这场游戏，并试着拉彼得参与，而其他男孩似乎既有点受惊吓，也渴望攻击那只老虎。或许，这只老虎也引发了他们的某种好斗或攻击性的感受，而让他们希望通过杀死老虎来战胜这样的感觉。

想暂时逃离集体生活

孩子通常都处在健康的情绪当中，随时准备好接受集体活动的挑战，但有时候也会觉得压力太大，而想要逃避一下。幼儿园老师林恩正在教金姆和托尼做一个雪人，纸板做的身体和头已经剪好了，他们只需要把这些黏在一起，再铺满棉花就好了。金姆熟练而自信地在几分钟内迅速完成了一个雪人。而托尼看起来很专心，但进行得很缓慢。他小心地把刷子浸入胶水瓶里，以画圈圈的方式把胶水涂在纸板上，还不时抬起头查看金姆的进度。他一次只拿起一片棉花，非常轻柔地黏在纸板上，在接下来的几分钟里，他就站在那里抚摸着柔软的棉花，并望着远方。他似乎是在做白日梦，我们不知道是不是柔软的棉花让他想起了妈妈和家，不过他通过这样的方式，让自己暂时远离了这个混乱喧闹的环境。

把老师当作妈妈

家长和幼儿园老师常常会很讶异地发现孩子很快就能对某个工作人员相当亲近和依赖，他们需要感觉到幼儿园里有一两个成人和自己有着亲近而特殊的关系，自己随时可以向他们求助。这些大人在孩子的眼中会有点像"妈妈"。孩子可能会突然原因不明地感到伤心难过，或是不愿意去幼儿园上学。直到后来，爸妈才发现，是因为他们最喜欢的老师生病了或是请假了。如果有老师要离开，最好能够事先让家长和孩子知道，因为孩子会因为这些重要人物突然无预警地消失而感到担心害怕。一场道别的仪式，例如，举行欢送派对或是送一个离别礼物，对于留下来的人也是很重要的。这是一个画上句号的机会，同时也承认了分离和失落的感受。

> **贴心小叮咛**
>
> 如果老师要离开，最好能够事先让家长和孩子知道，因为孩子会因这些重要人物突然无预警地消失而感到担心害怕；最好能有一个道别的仪式，帮助孩子度过这段时间。

争夺老师的注意

孩子去上幼儿园时，所面对的最大的挑战是要和很多小朋友一起分享为数不多的大人。对孩子而言，就像自己突然多了20个兄弟姐妹，而大家要一起争先恐后地获得"妈妈的"（老师的）注意。绝大多数幼儿园老师所描述的孩子的"攻击性"或"暴力"（如推挤、踢打或咬人）都缘于此。孩子可能会觉得需要推开或是踢开竞争的兄弟姐妹，以确保老师会注意和关心到自己。

在婴儿期和学步期，能够从体贴的家长身上得到足够的一对一关注的孩子，通常会在心中保有一个"好妈妈感觉"，这可以帮助他们熬过较长的没有受到关注的时间。他们也比较有能力与其他人分享，因为与那些小时候没有获得足够个别关注的孩子相比，自己的需求比较少。而那些仍期望拥有独享的亲子时刻的孩子，当然是无法在忙碌的幼儿园生活当中如愿以偿的。通常，这些孩子到最后会被请出教室，远离他们最想要亲近的目标——老师。这可能会让他们觉得更难过，从而引发更糟糕的行为。集体规模越小，合格和体贴的老师所占的比例越高，对于以上问题也就越有帮助。

> **贴心小叮咛**
>
> 孩子上幼儿园时面临的最大的挑战是要和很多的小朋友一起分享为数不多的大人。

即将进入爱冒险的4岁

和3岁的孩子共度的生活是快乐的，同时也是让人筋疲力尽、充满欢乐和戏剧性的。在这一年接近尾声之时，孩子会开始进入幼儿园，且拥有和朋友的交际生活。他们在很多方面都能够自立自强，但仍然需要父母和家人的关心及爱护，尤其是他们即将进入下一段冒险——4岁。

参考文献

Bowlby, J. (1979) *The Making and Breaking of Affectional Bonds*. London: Tavistock.

Bowlby, J. (1988) *A Secure Base: Clinical Applications of Attachment Theory*. London: Routledge.

Harris, M. (1975) *Thinking about Infants and Young Children*. Strath Tay, Perthshire: Clunie Press.

Hindle, D and Vaciago Smith, M. (eds) (1999) *Personality Development: A Psychoanalytic Perspective*. London: Routledge.

Philips, A. (1999) *Saying No: Why It's Important for You and Your Child*. London: Faber Faber.

Rosenbluth, D, with Harris, M, Osborne, E.L. and O'shaughnessy, E. (1969) *Your 3 Year Old*. London: Corgi.

Waddell, M. (1998) *Inside Lives: Psychoanalysis and the Development of Personality*. Tavistock Clinic Series. London: Duckworth.

Winnicot, D W. (1964) *The Child, the Family and the Outside World*. London: Penguin.

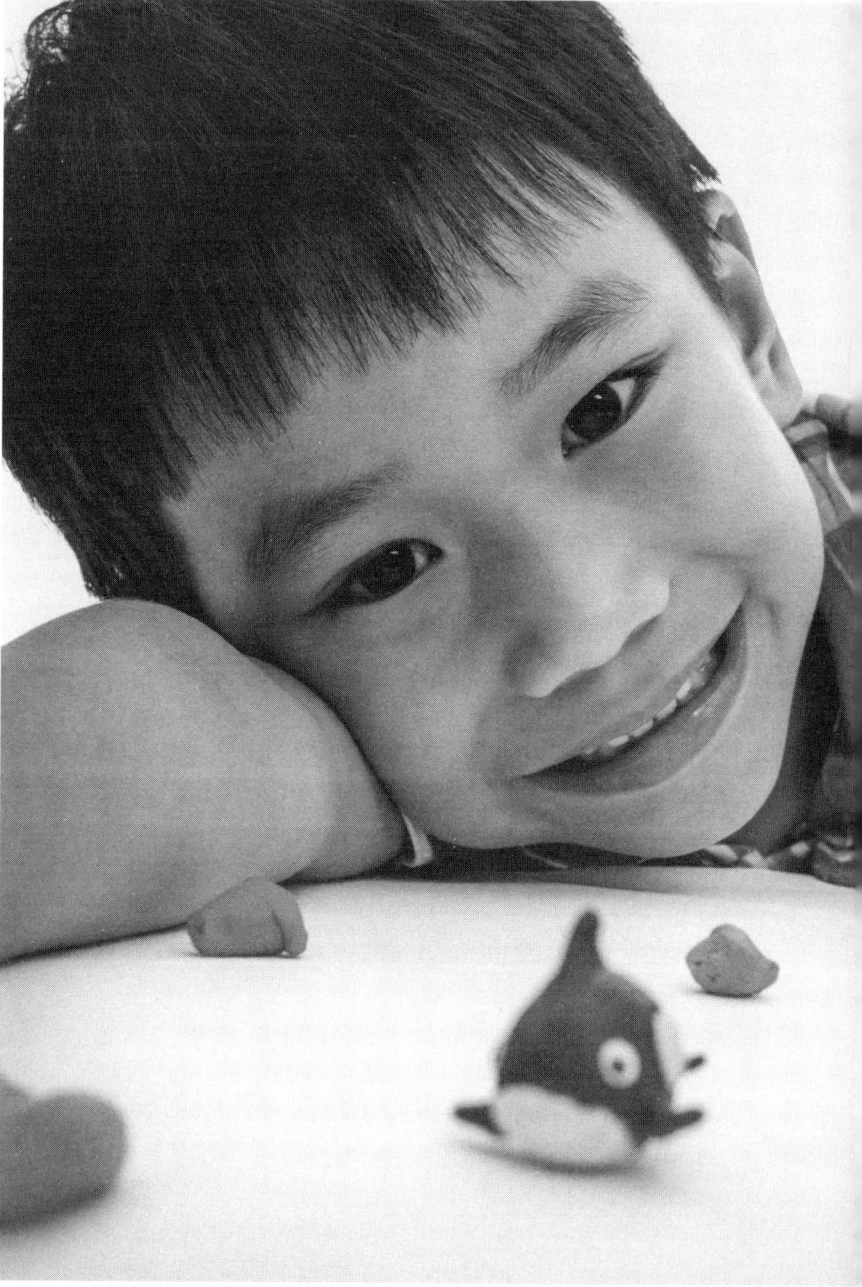

—— 第二部分 ——
感受力强的小大人
4—5岁幼儿

莱斯利·马罗尼（Lesley Maroni）

引　言

这一部分的目的是试着从4—5岁的孩子的角度描绘他们的生活。这个时期的孩子会逐渐将生活的重心由家庭转移至幼儿园以及家庭以外的宽广世界。

这个年纪的孩子，主要的目标在于关系，尤其是与大人之间的关系。换句话说，人与人是如何相互联结在一起的？爸爸和妈妈又是怎样联结在一起的？而我在这当中占有什么样的位置？为了能够交上自己的朋友，在4—5岁，孩子必须放下与双亲中的一位建立独一无二的关系的愿望，以便留出空间给另外一位，从而形成现在的三角关系。孩子利用这样的方式发展自我意识，了解自己虽然和父母不同，但仍然与他们联结在一起。在现实生活中，有的孩子只有一位家长，他们需要更努力才能接纳这个"三人组"的概念，而且会对缺席的父亲或母亲提出相当多的问题，试着解开这个谜团。

当然，一个单亲妈妈或是单亲爸爸可以有另一半父母的特质，例如，母亲发现自己也会用一种坚定、权威的口吻对孩子说话，而父亲也会在需要的时候展现出温柔的一面。在现今社会，一个由双亲和孩子组成的家庭通常会因为父母分居或离婚而破裂，也有因继父母及其带来的子女而形成新的家庭。在新家庭中，可能会有新生儿诞生，也就是同父异母或同母异父的兄弟姐妹，让这个家庭系统更为扩展，同时也更令人困惑。若要全盘考虑这些变化，可能需要另外写一本书来进行探讨。在这本书中，我会利用双亲家庭的模式来进行阐述，因为在某种程度上，这个模式已存于孩子的内心，即使它与现实生活中的情况大不相同。

在某些方面，可从这个时期的孩子身上看到未来在青少年时期可能会发生的情况，即如何在持续需要父母的关心和注意与渴望独立之间挣扎着找到平衡。当4—5岁的孩子与同伴建立了关系后，便会开始向外探索，但仍希望能够回头向母亲寻求安全感。

这个年龄层的孩子最令人感到欣喜的地方之一，是他们对于世界无尽的好奇心，以及对于了解自己在当中的位置的渴望。这是问问题的时期：我从哪里来的？为什么……？怎么会……？等等。他们时常问到父母抓狂（也在测试自己对各种事物的知识和了解）。一个4岁的孩子会在几个月的时间内不停地问，"但是，为什么天空是蓝色的？"妈妈刚开始能很认真地回答，到最后会恼怒地说："因为就是这样，没有为什么！"然后，孩子会继续问类似的问题，而绝大多数的问题都是没有答案的，例如："上帝在哪里？"

他们也开始具有同理心了，换句话说，能站在别人的角度替他人着想，并且想象其他人可能会有的感受。这种替别人着想和关心他人感受的能力是发展中的一个重要的里程碑。一个小女孩在听说朋友的弟弟不小心把自己锁在厕所里时会说："如果他爸爸不能把门打开，他一定会很害怕。"然而，如果是对于兄弟姐妹，能够"理解"他人的这个能力可以让孩子清楚地知道怎样可以惹毛兄弟姐妹，什么事情会让他们非常生气。

这个年纪当然也是孩子们所经历的第一个主要转变时期。在此之前，上幼儿园不是一定必要的，但是现在，上学变成了法定义务[1]。即使许多幼儿园的课程都能平衡地兼顾念书和游戏，但学习这件事情变得更为正式了。有些孩子会在与人接触时感觉不自在，会通过展现自己的智力才能来处理当下的焦虑。某些幸运的孩子在各方面都表现得很出色。不过，绝大多数孩子处于中间地带，有时候会觉得自己被遗弃或被忽略了；有时候则是位于事件的中心位置。孩子们需要学习如何共同分享一位老师的注意，并学着了解自己并不是那特别且唯一的孩子。

友情会变得较为稳定，且较多建立在共享的经验上。从5岁开始正式上学时，甚至是在同一所学校从托儿所转到幼儿园这样简单的转换过程中，如果有朋友和自己一起经历相同的旅程，对于孩子而言会有很大的帮助。能够被家庭以外的其他人认识和接受是很重要的。当孩子抵达学校操场并看到自己的朋友时，脸上会

---

[1] 英国的《初等教育法》规定5—16岁儿童必须接受义务教育。——译者注

焕发愉快的光彩；若是发现朋友不在，脸上便会浮现失望的表情。

这个年纪的孩子都有一个共同特点，即在面对这个逐渐扩大的世界时，有想要探索其奥妙的欲望。

第一章
在家中的生活时光

幼儿的大部分时间还是在家中度过的。因此,家和家中成员便是他们的生活重心。

妈妈常常会抱怨,儿子只听爸爸的话,这背后牵扯着父母在家中的角色定位、性别认同以及父母童年期的经验感受等,牵扯面非常广。

除了亲子关系外,在与兄弟姐妹的关系中,既有竞争,又有合作。本章举了一些生动有趣的案例,来描述兄弟姐妹间的张力。

此外,最常玩的假装游戏经常在家中上演,孩子会将游戏与学习结合,发挥更惊人的创造力。

孩子最大的希望就是爸爸妈妈能够了解他,并接受他原本的样子。让孩子做他自己吧。

为什么学校、家中两个样?

"看!这个我会!"

4—5岁的孩子,很容易出其不意地游移在两种状态里:一会儿想要展示自己新学会的技巧和迅速发展出的独立感;一会儿又将拇指塞入口中,所有的能力瞬间消失退缩回一个较为幼稚的状态中。4岁零9个月的阿利斯泰尔在每天下午从学校回到家时便是如此,他会打开家里的电脑,试着完成对他而言太过困难的数学练习程序。答对问题的时候,他会高兴地大叫:"看!这个我会!"然而,当他无法顺利计算出较复杂的加法时,就会用说"我现在好无聊哟!"来掩饰自己能力尚嫌不足的事实。之后,他便会用力地吸着手指,爬上妈妈的大腿蜷曲着,假装自己回到了一个不需要是"聪明的"或是"一个大男孩"的状态里,他可以只是妈妈的小男孩,直到再一次准备好离开,去发现新的事物。

孩子在这个年纪过完了一整天的学校生活后,通常都已经筋疲力尽。即使只是去了幼儿园,回到家时,他们也会变得易怒且难以沟通。家长们会疑惑,孩子在外会因为行为模范而受到称赞,怎么回到家中,表现却大相径庭。一个试着与爱哭的、大发脾气的孩子奋战的恼火母亲不禁好奇,为什么孩子和自己在一起的时候不能偶尔表现得乖一点呢?因为,只有在家里,孩子们才有足够的安全感，感觉被足够的爱包围着，才能够展现出比较负面的情绪。在外面时，他也许一整天都压抑着那些难以忍受的、觉得自己渺小和愚笨的感受。这当中还涉及母亲能够容忍多少孩子较不令人喜爱的那一面，以及如何在不报复的情形下坚定地维持界限。孩子很容易激发父母自己四五岁时的感受。这是因为无论我们的年纪多大，原始的情绪总会引起我们原始的反应。举例而言，当克里斯汀4岁的儿子戴维不停发起挑衅之后，她惊讶地发现自己会异于平常地对着孩子用力跺脚和大叫："不可以！不可以！不可以！"跟戴维先前的行为一模一样。

父母只要回忆一下自己当年的样子，就有助于站在孩子的立场进行思考。克里斯汀仍然记得自己小时候很喜欢和妈妈窝在沙发里读故事书。于是，她现在也和戴维做同样的事情，而戴维就像当初的自己一样喜欢这样的时光。

> **贴心小叮咛**
>
> 父母只要回忆一下自己当年的样子，就比较能够站在孩子的立场去思考问题。

父母与孩子之间的微妙关系

"爸爸会很生气哟！"

这个时候，孩子开始把焦点从和父母密不可分的关系，偶尔转移到相当亲密的其他关系中,如朋友,甚至是老师。一天,4岁的本从幼儿园回家时跟妈妈说:"我希望可以有两个妈妈,一个是你,一个是瑞特老师。"妈妈问本为什么这么喜欢老师,他害羞地小声说:"她读故事书给大家听时,有时候会让我坐在她的腿上。"本在刚开始的时候,对于上幼儿园这件事相当焦虑,甚至不愿意让妈妈走出幼儿园的大门。瑞特老师,一位微胖的妈妈型的女士,很敏锐地感受到了他的担忧,给了本最想念的、像妈妈的双手环绕着自己一样的感觉。

一般来说,父亲会扮演制定规则的角色,而让妈妈来当温和抚慰的照顾者。有时,母亲觉得要对孩子表现出严厉和严格的态度很困难,宁愿让爸爸来展现这些特质。4岁半的保罗正拿着两辆玩具车对撞,妈妈很和气有理地请他停下来,且告诉他:"如果你弄坏了玩具,爸爸会很生气!"坐在一旁的妹妹听到这些,突然一动也不动地趴在地板上。妈妈马上将注意力转移到女儿身上,用双臂将妹妹抱起来,温柔关心地说:"啊!可怜的孩子。"并在她脸上亲了一下。此时,保罗又开始玩小汽车,而且用更大的力气将它们对撞。只有在这个时候,妈妈才能够在不需要父亲的介入之下,一方面感受到自己真的生气了,一方面用坚定的语气告诉保罗停止这样的游戏。保罗也的确停了下来。保罗的母亲显然比较喜欢扮演传统的安抚者角色,就像她对待女儿那样,但她想办法在内心里找到了一种坚定的声音,一种具有说服力且不需要采用惩罚威胁的方式。最后,保罗停止了这个游戏,表示他的确被妈妈说服了。

生了儿子的妈妈常常会说:"儿子总是比较听爸爸的话。""我不知道为什么会这样,不过每次我跟儿子说的时候,他总是不理我,但只要他爸爸开口,他马上就会跳起来照做。"父亲可以帮助孩子,由原先与妈妈独有的母婴纽带发展出另一种包含三个人的关系模式。当一切都很顺利时,爸爸也会传达出清楚的讯息给儿子,让他知道,无论他如何幻想,或是如何想尽办法杵在父母之间,他都无法取代父亲,成为母亲的伴侣。孩子需要一个父亲,或是一个母代父职的角色,来帮助他们探索自己的极限。以下这段话是4岁的塞米在描述他和爸爸几天前利用一个纸箱做成的小汽车:

> **贴心小叮咛**
>
> 孩子需要一个父亲,或是一个母代父职的角色(在单亲家庭中),来帮助他们探索自己的极限。

> 塞米跑向小汽车,拖着它去找妈妈。妈妈问:"塞米,车子的轮子是谁上的色啊?"塞米回答:"你画的!"妈妈说:"不是我呀!"塞米用猜疑的口气说着:"难道是爸爸吗?"之后,塞米笑着说:"不是!是我啦!"妈妈说:"原来是你啊!那方向盘又是谁做的呢?"塞米满心盼望地说:"是我吗?"妈妈回答:"不是,是……?""是爸爸做的!"塞米大声地回答。然后,他用轻轻的声音说着:"每

一个人都需要一个爸爸。"他看着妈妈,又很快地补上一句:"还要有一个妈妈!"之后妈妈给了塞米一个拥抱。

塞米满心盼望地猜想小汽车的方向盘是自己做的,他展现出了想要长大或希望可以管控事情的渴望。如果可以掌控汽车的方向盘,就可以像他曾经想象的那样,像爸爸一样开车带着妈妈出门。然而,语调中的犹豫不决显示出塞米对自己是否能够做到这件事情还没有足够的信心。当塞米记起来这是爸爸做的时,他感到了愉悦并唤起了一种感激之情,而且能够理解到他仍然需要一个父亲来帮助自己成长。塞米用这种方式了解到了自我的极限,于是不会因为自己的渺小而觉得羞愧。这也说明两个人——在这个案例中指的是塞米和爸爸——联合起来创造出了一些新事物,这在4—5岁孩子的世界中是很重要的主题。后续章节会有更多探讨。

相较于塞米,阿曼达在对父母的掌控方面,发现了自己的渺小和无力。她会在爸妈相拥亲吻或是有任何亲密动作时,想办法挤进两人中间,有时候甚至会直接说出"恶心";有时候则利用比较间接的方式,如让自己处在危险当中——例如,爬到窗台上或是攀

> **贴心小叮咛**
>
> 让孩子知道,无论自己如何幻想,或是如何想尽办法插在父母之间,他都无法取代父亲,成为母亲的伴侣。

在沙发背上，假装快要掉下去了——好引起父母的注意，让他们跳起来"解救"自己。阿曼达成了对父母嫉妒的极端案例，部分原因是在几个月前，她的弟弟出生了。对她而言，爸妈的亲吻表示会带来新生儿，这是必须极力避免的，不管付出多大的代价。阿曼达很痛苦地承受着父母带给自己的感受，一方面是引起了想与母亲竞争父亲的敌意，另一方面是妈妈和刚出生的弟弟的关系，这一关系让她失去了母亲的关注。她似乎在说："那我现在该怎么办？"

有很多孩子像阿曼达一样，总是觉得自己的兄弟跟自己比起来，会和妈妈形成更好的伴侣关系。当然，这只是他们的想象。男孩和女孩都需要清楚的界限，以便适度地自我提醒自己的身份是小孩。小女孩在父亲在的时候会变得更妩媚，就像4岁的艾米莉一样。在某个妈妈不在家、由父亲照顾她的日子里，她跟爸爸说："爸爸，爸爸！你看！你看！你看我会做什么！你看我会倒立用手走路。你看，我会劈腿！"父亲称赞地回应艾米莉，并且建议等妈妈回来以后，再表演一次给妈妈看。这提醒了艾米莉，父亲和母亲同时存在，他们可以一同分享孩子在发展上的成就带来的喜悦，也让她确认了自己在潜意识里（有时候，艾米莉的这些想法不是有意识的，但的确存在于她的内心深处）想象着可以摆脱妈妈而独自拥有父亲的那个幻想是永远不会成真的。

有些孩子一直相信自己有掌控父母行为的能力，虽然这只是他们心中虚幻的期望，而非坚实的信念。5岁的奥利维亚是家中的独生女,她在玩布娃娃时宣布:"我爸爸希望妈妈生另外一个小宝宝,但这是不可能的!"很难了解奥利维亚是真的以为自己在某种程度上可以防止父母背叛自己,还是她仅仅无法忍受这件事情有可能发生。有5年的时间,家中只有自己一个小孩,这让奥利维亚似乎有一种秘密的感觉,觉得自己才是那个比较适合爸爸的伴侣,如果真的有一个新生儿要加入,父亲会把小宝宝交给她,而不是交给妈妈——看她可以把布娃娃照顾得很好就知道了!

兄弟姐妹间的对抗赛

"他抢我的糖果!我讨厌他!"

兄弟姐妹之间可以展现出令人讶异的攻击和敌对感,也有难以置信的忠诚度和友谊。没有人比兄弟姐妹更了解如何捉弄对方会让其处于爆发的临界点上。夏洛特,一个快6岁的小女孩,正和4岁的弟弟托比愉快地玩耍,直到托比露出诡谲的笑容,转移了夏洛特的注意力,以便把姐姐身上背着的糖果袋抢走。夏洛特发现的时候,马上从椅子上跳起来,扑向已被托比紧紧拿在手上的糖果袋。但弟弟在她的肚子上用力地踢了一下,夏洛特抱着肚子哭喊着叫爸爸。父亲赶到,命令托比把糖果还给姐姐。弟弟虽然听话照做了,但故意慢慢地从袋中拿出一颗糖果,丢进口中,才把糖果袋还给夏洛特,脸上还是一副挑衅的表情。这又让姐姐对着弟弟吼叫了一阵。过了一会儿，两人一起到花园里玩，他们一同爬上跷跷板，比试谁能把对方翘得更高。不过，当托比开始觉得无聊的时候，想要从跷跷板上下来，却让姐姐失去平衡，跌落在地。"笨蛋！"夏洛特骂了弟弟一声，在他的手臂上打了一下。托比推了姐姐一把，以示回敬。然后两人扭打在一起，用手臂和脚试着扳倒对方。弟弟最后挣脱了，转身捡起一段竹枝，指着夏洛特，姐姐尖叫着说："托比，不可以！"然后，她跑回家，哭喊着："妈妈！妈妈！"

在这两起事件当中，姐弟二人刚开始是相互合作地玩在一起的，直到其中一个做了一件会激怒对方的事情，对立持续升温，直到他们好像会真的伤害对方的地步。有趣的是，一开始，夏洛特呼唤父亲前来排解纠纷，然而事件发展到最后，母亲却成了他们需要的保护者。

就读幼儿园大班的威廉一直在班上扮演着领导者的角色，且会毫不迟疑地指使其他小朋友，仅有一天例外。那一天，他跌倒了，膝盖严重受伤。在等待包扎的时候，威廉说起了他的"宝贝妹妹"凯蒂，描述妹妹是多么的调皮和不听话。其中一个冗长的故事跟浴室里坏掉的水龙头有关。因为水龙头坏掉了，所以妈妈需要用水桶装满水，才能帮他们俩洗澡。凯蒂会不停地踩踏地面上的水，还会"拉我的头发，弄坏我的玩具"。当问及威廉是怎么处理的时候，他轻描淡写地回答说自己就回到房间里了，以便"远离妹妹"。或许这就是为什么威廉在和其他小朋友相处时，总会声称自己有主导权。显然,当他面对妹妹的"调皮捣蛋"时,是相当不知所措的。同时,威廉也在他受伤且需要妈妈的时候表达了自己嫉妒妹妹和生气的感受,而且妹妹是那个占据了母亲的人。"这不公平!"威廉说道:"妹妹这样不乖,她为什么可以跟妈妈在家?我讨厌她!"威廉说话的时候,脸上布满了泪痕,还不时哽咽到喘不过气来。不过,等伤口包上了绷带,疼痛感逐渐消失后,他又好像忘记了对妹妹的抱怨牢骚,高兴地跑去玩了。

像威廉这样的孩子,只有在回到那个感觉需要母亲关爱的阶段,才会唤起他们对弟弟妹妹的嫉妒心,燃起因无法独自拥有母亲而燃烧的怒火。然而,就像我们看到的威廉一样,一旦孩子准备好再回到5岁的状态,他就会忘掉妹妹,重拾对自我的感受,再多感觉到那个充满好奇并渴望探索的自我。凯蒂可以继续去当那个笨小孩,而他是哥哥,可以做到妹妹无法完成的所有事情。

佐伊则是一个不一样的案例,她对妹妹有着相当高涨的负面情绪。从妹妹出生的那一刻起,3岁半的佐伊就嫉妒着她。佐伊一直以来都和妈妈相依为命(因为爸爸派驻于海外的军事基地),妹妹的诞生对她而言,是一次很大的冲击,一直都无法适应。然而,佐伊找到了一个不必公开的方式来处理自己的情绪,她在心中认为自己是一个负责任的好姐姐。她会煽动妹妹瑞秋去做一些调皮捣蛋的事情,然后当妈妈生妹妹的气时,让自己在旁边看起来是较为乖巧优秀的女儿。举例来说,18个月大的瑞秋坐在高脚椅上自己用勺子吃饭，妈妈一离开房间，佐伊就鼓励妹妹把食物挑出来丢在地上。当妈妈回来时，发现瑞秋正咯咯笑着，地上和墙壁上洒满了食物，姐姐看起来很生气，双臂交叉，站在一旁。当妈妈生气地骂瑞秋的时候，佐伊则说："妈妈，妹妹是不是太顽皮了？"佐伊上学的第一年，一直保持着能干姐姐的姿态，而这也影响到了她和其他人做朋友的方式。佐伊发展出了一种假象，假装自己能够领导其他人，例如，会帮其他小朋友绑鞋带，因为她之前就学会了这项技巧。瑞秋可以当那个调皮捣蛋、肮脏不干净且总是惹麻烦的小孩；佐伊则在妈妈身上找到了自我认同。上学后，她的认同对象换成了学校里的老师，会在一些自己先学会的事情上帮助其他较小的小朋友。佐伊的老师对她的行为相当忧心，反而在看到佐伊没有这么能干的时候，才觉得松了一口气。

在佐伊身上，我们可以看到了弟弟妹妹的诞生会造成相当激烈的幻灭。孩子必须调适自己，来适应一个事实，即自己已经不是妈妈生命里的唯一了。他必须学会和其他人一起分享这个母亲；而长大后在学校，则需要和其他小朋友一起分享一位老师。

> **贴心小叮咛**
>
> 孩子必须能够调整自己以适应一个事实，即他不是妈妈生命里的唯一。他必须学会和其他人分享母亲。长大后在学校，则需要和其他小朋友一起分享老师。

孩子的心里总是会怀疑,在母亲或老师的心中,是否有足够的空间,或是足够的关爱,来分给两个或更多的孩子。在这个发展的重要阶段,4—5岁的孩子需要接受妈妈并不专属于自己的事实,母亲还拥有许多其他的关系,包括爸爸、兄弟姐妹和朋友。如果孩子觉得自己拥有足够的爱,便会开始理解,和家庭以外的人发展关系是有可能的。然而,有些时候,尤其是在感觉到焦虑时,孩子会想要回到母亲专属于自己的状态中。

> **贴心小叮咛**
>
> 如果孩子拥有足够的爱,便会开始理解和家庭以外的人发展关系是有可能的。

想象游戏带来心灵的抚慰

"我在假装世界上只剩下我一个人"

5岁的时候,孩子们会开始不再热情且毫无保留地展现自己对父母的感受。他们曾经会认真热情地说出"我长大以后,要跟妈妈结婚"之类的话语。而今,在这个阶段的孩子心中,来自现实生活的父母形象混杂了自婴儿期以来所累积的各种感觉。这会让他们在内心投射出一种合成形象,一种由一个母亲和一个父亲综合而成的印象。然而,这个形象有时候和实际生活中有很大的差别。当孩子在游戏中揭露出这样的形象时,父母常常无法辨识这样的人物居然是自己。举例而言，很多家长会发现孩子在玩游戏的时候常常会假装自己是妈妈，但表现出来的是一个比在真实生活当中更为严厉的母亲。

童话故事最常描述的内容通常是和邪恶的父母或无法保护子女的爸妈有关的主题。就像在《糖果屋》（*Hansel and Gretel*）当中把孩子送走的坏继母，而在原始的版本中，她其实是孩子们的亲生母亲。但

> **贴心小叮咛**
>
> 游戏和学习在4—5岁这个阶段是交错混合的，孩子会运用假装和想象出来的防护安全网来探索现实生活中的各种"议题"。

可能是因为对家长和孩子来说，亲生母亲做出这样冷酷无情的事情实在太难以接受了，因此，在后世流传的版本中，便以继母的身份取而代之。《白雪公主》的故事也是如此，她的父亲不够坚强，无法让女儿逃脱继母的魔掌。这些虚构的可怕家长因为只存在于书本当中，因此并不会造成任何伤害。这可以让孩子探索自己内在的恐惧，包括现实中或想象中的父母对自己的怒气和不满，或

是自己对父母的怒气和敌意。没有人喜欢感受自己内心里面会对非常关爱自己的人产生残忍致命的想法。孩子越能在游戏当中

> **贴心小叮咛**
>
> 孩子越能表达内心的感受，越会觉得自己是被接受的和安全的。

尽情地表达这样的感受，越可以觉得自己是可以被接受和安全的。

路易斯4岁，在家里坑着小火车组，并开始演出《托马斯和他的朋友们》中的情节。但是故事的内容很快就发展到了和他自己有关的特定事件。路易斯想象有一个极具控制欲和掌控欲的父亲，因为孩子不乖而要严厉地处罚他。他把一辆小火车推进隧道，然后在纸箱里找出了一些砖头积木，并利用这些砖头把隧道的入口封了起来。路易斯说那个"亨利"很不听话，所以要被关在隧道里很久很久。他大声地惊叫着："坏亨利！"最后，他让亨利从隧道中出来，却撞上了另外一列小火车，还把对方撞离了铁轨。"喔！糟糕了！大总管会说什么呢？他会非常、非常、非常、非常的生气，他会把亨利永远关在隧道里！"

看来，路易斯在试着想象自己很顽皮时——就像他故意用一列火车去撞翻另一列火车——会发生什么事情。这件事很有可能显现出了路易斯想要驱除父亲的期望，并且"把他撞离轨道"，这样自己就可以是妈妈的唯一了。但是，这一期望所带来的后续惩罚的确很严重。实际上，路易斯会通过游戏来建立自己的行为模式，包括好的和不好的行为。他要使坏到什么程度，父亲才会出面阻止并惩罚他，就如同游戏中的大总管所扮演的角色一样。不过，所表达出来的惩罚方式——永远的放逐——过于严厉，没有给予路易斯任何原谅自己的空间，或是改正错误的机会。对这个年纪的孩子而言，父母会高不可攀，有时令人害怕，而且是具有能力和权威的人物。单是想象爸妈不好的地方，就都会让孩子觉得非常有罪恶感。

偶尔深切地盼望摆脱家长中的另一位，以让自己拥有更多的空间，也会让孩子觉得罪恶。孩子也会担心父母死掉，而把自己一个人孤苦无依地遗弃在这个世界上。詹姆斯是一个非常焦虑的5岁孩子，他对于妈妈的健康状况极度担忧。由于他没有父亲，因此没有人可以扮演保护者的角色。詹姆斯的游戏内容常常反映出这样的忧虑。有一天，他用了两张倒置的椅子做了一艘太空船。他爬进太空船，静静地坐在里面，看起来很难过。当另外一位小朋友问詹姆斯在做什么时，他回答道："我在假装我妈妈死掉了，把我一个人留在这个世界上。"

孩子的游戏和学习在这个年纪是交错混合的。在以上两个案例当中，我们可以看到孩子如何运用假装和想象出来的安全保护装置，来探索现实生活中的"议题"。亨利才是那个需要被处罚的顽皮鬼，路易斯本人不是。詹姆斯的感受比较不伪装，不过只有假装自己在太空船中，他才能表达出害怕和恐惧；或许这样一来，如果他的感受变得难以控制，便可以"升空"离开。

尊重孩子做自己

"我是不一样的！我是我自己！"

很多家长都同意，孩子出生的时候，便有与生便俱来的、只属于他个人的气质。有些宝宝是大家所说的"容易相处"、个性温和的宝宝；有些宝宝则极端相反，一开始的时候就整天哭个不停。这些会影响父母跟孩子建立纽带和了解他们。当然，相较总是高兴愉快地响应你的孩子，要面对一个似乎很难安抚的婴儿，的确相当费力，甚至会让你觉得自己很失败。然而，随着孩子渐渐长大，他的自我认同会改变和持续发展，与父母的关系也会如此，因为每个人都会在变动的家族关系中找到相互适应的方式。还有一部分取决于这个孩子在家中的排行，例如，是否有哥哥姐姐，或自己是老大且底下有许多弟弟妹妹，或家中只有他一个孩子。在4岁这个年纪，很多孩子可能已经经历了家中有新生宝宝诞生。他们会如何处理和新成员之间的关系也取决于两者之间的年纪差距。4岁的孩子要比2岁孩子更会面对与新生儿之间的关系，因为在这个时候，他已经对自我发展出了较清楚的认知。即使如此，要让妈妈可以全心全意地关注新生宝宝，而期望自己成为一个"大男孩"，对他们而言仍是相当困难的事情。有时候，4岁的孩子也会想要退缩到较为年幼的时期。

或许就某种程度而言，当弟弟妹妹会容易一些，因为不需要如此大幅度地调适，毕竟哥哥姐姐从自己出生时就已经存在了，而且父母也不再那么经验不足了，大致上来说，在养育孩子这方面都有了很大的进步。不过，身为老二也是有困扰的，因为在他之前，总是有一个先来的老大，这个人似乎在各项事务上都可以做得更好。但拥有哥哥姐姐的问题会被其带来的好处遮盖，例如，哥哥姐姐可以帮助弟弟妹妹在语言上获得更好的发展，教导他们分享和玩游戏，有时候则会和他们联合起来一起对抗爸妈。

兄弟姐妹共同拥有的情感和关爱也伴随着偶尔的憎恨和敌意。但是，除了在家中这样安全的环境里，孩子还能从哪里学习处理对抗和竞争，以及偶尔感受到的厌恶呢？这些经验起到了相当重要的作用，未来在学校面对必然会发生的对抗时，孩子将拥有处理这样的冲突的基本能力。若是没有兄弟姐妹，当孩子第一次在幼儿园里遇到等同于兄弟姐妹的其他小朋友时，会较难处理这样的感受。看到其他小孩所表现出来的强烈的、粗犷的感情，或许会让他们感到震惊，特别是当看到小朋友们前一刻还激烈地争吵，下一刻又好像没事般开心地玩在一起时。

莫莉是5岁的独生女，为了要"让妈妈开心"，画了一幅画。当被问到妈妈是不是因为难过而不开心时，莫莉回答说："是啊！妈妈很难过，但如果我画一幅画给她，她就会开心了。"后续的对话显示，莫莉觉得妈妈因为每天要很辛苦地工作，所以难过。但莫莉认为，如果妈妈回到家的时候，自己可以为她做些事情，就可以让妈妈开心,甚至像她说的,"再一次让妈妈哈哈大笑"。就像莫莉所表现的,独生子女通常会过度认为自己必须对父母的情绪负责。毕竟,没有其他的兄弟姐妹能够一起分担这个重担。

> **贴心小叮咛**
>
> 独生子女通常会认为自己必须对父母的情绪负责。毕竟,没有其他的兄弟姐妹能够分担这个重担。

每个孩子都是独一无二的

有时,家长可能只看到了某一面,就认为孩子有某种个性,例如,聪明、顽皮、安静或是戏剧化。对孩子来说,承受他人对自己个性的期望——无论是正面的还是负面的——很困难。而当他们认为没有更多的空间可以发展其他的个性特质时,这些特质就可能永远保留下来。一个已有两个孩子的妈妈发现,即使已经成年,无论何时跟自己的妹妹联络,自己都会变得像以前一样"难以沟通""不乖";而这个妹妹打从2岁起,就是大家眼中乖巧可爱的那一个。这也同样发生在5岁的丹和哥哥艾德之间。丹明显想让哥哥成为那个"不乖"的小孩,所以只要每次发现艾德因为调皮而被妈妈骂,他都很高兴。丹觉得这样一来,会显得自己很乖,而且"妈妈会比较爱我"。丹因为太害怕自己变得跟艾德一样,就把所有不好的感觉都给了哥哥,这样一来,他就不需要拥有这些令人不舒服的情绪了。这样的处理方式其实对两个男孩来说都不是很健康。

尤其是丹，越想要否认那个生气的自己，他就越难感觉做一个"不乖"的小孩是安全的，没什么大不了。值得庆幸的是，像这样极端的分裂是很少见的。

> **贴心小叮咛**
>
> 对孩子而言，承受他人对自己个性的期望——不管是正面的还是负面的——很困难。

我们之前提到了夏洛特和托比，抢糖果袋的那对姐弟。母亲对他们的某些智力（而不是情绪）有偏见。他们的妈妈很清楚所谓"男女大不同会导致学业上的差异"，也认为托比的语言发展比夏洛特慢了一些。但是，弟弟能保持比较久的专注力，数学也比较厉害。令妈妈惊讶的是，托比是那个较让人想要拥抱和亲近的孩子，他会用力地抱着妈妈，仿佛要把他自己嵌进她的身体里。而夏洛特则是较有距离感的、让人较难亲近的孩子。他们的妈妈全然接受了这两个孩子的差异，认为这就是他们独有的、不同的特质。

还有玩玩具小火车的路易斯。他的妈妈在厨房里生动地描述了自己4岁时的回忆时，我认为她提供了一个很好的结论。这位妈妈还记得自己小时候喜欢假装是一名芭蕾舞者，但是她跌倒了。当时，她的妈妈抱起她并安抚地说："你跟我小时候一样，绊到什么都会跌倒。"路易斯的妈妈记得自己当时心里想的是："我跟你才不一样呢，我是我自己！"

我需要爸爸妈妈了解我的情绪

"我想要自己来"

婴儿需要母亲（或是主要的照料者）了解他们的情绪状况，并帮助自己容忍这些感受，4岁的孩子也是如此。即使他们现在具有语言能力，能够表达自我，也会有自己无法处理情绪、被自己的情绪打败的时候。然而，父母无法每次都适当地加以处理，总是会有出错的时候，孩子会因此觉得没有人可以了解自己。我们常会看到4岁的孩子充满怒气，就像不久以前那个还没长大的2岁的他。面对这样的失控感，孩子的心中可能会感到相当害怕。

如果孩子在这样的状况下让父母知道了自己的感受，而且表达了对世界的愤怒，这是因为他觉得可以在你面前安心地表达这些不好的情绪，即使他的行为很能激怒人。这代表孩子心中仍然确信他拥有足够的关爱，而且爸妈会继续爱着自己，不会因为自己生气就不爱自己了。他的所作所为将不会伤害一段良好的关系的本质。

洁德4岁，和6岁的姐姐在室内玩着滑梯。姐姐在洁德正要滑下滑梯的时候推了她一下，洁德因此尖叫起来，滑下来后跌倒了，然后继续尖叫并用力地哭泣。洁德对姐姐的轻轻一推似乎反应过度了。妈妈前来了解状况。刚开始，洁德对姐姐非常生气，气到连话都讲不出来了。在确认了她没有受伤后,妈妈问了一连串的问题,试着猜测洁德为什么这么生气:"是因为……?""你刚刚……?"最后,洁德终于可以带着啜泣说话了,清楚地叙述了事情发生经过,"我不要琳恩推我,我要自己来。"琳恩解释说,她是希望洁德可以滑得快一点。妈妈冷静地请琳恩说对不起,姐姐也照做了。如果洁德没有觉得妈妈基本上会跟她站在同一阵线,而且会试着帮她找出到底哪里有问题,她可能会花更长时间尖叫和哭泣。

在辛苦了一天之后,父母最不想看到的便是愤怒和挑衅行为,解决的方式有两种:第一种是孩子会把这些深埋在心里,这样就再也不用感受到这些情绪了——大人可以在那些过于有礼貌或是非常甜言蜜语的孩子身上看到了这样的现象;第二种是孩子会把自己的感受"丢"给其他人,以便摆脱受挫的情绪。我们已经看到丹是如何无法想象自己有任何的缺点的,因此将所有的缺点都归咎给哥哥。这是孩子经常用来摆脱无法承受的情绪的方式。在学校里常被嘲笑和戏弄的孩子回到家后可能也会对弟弟妹妹做同样的事情,让他们尝尝自己早先在学校里被捉弄的感受,毕竟现在有其他人去感觉那种无力的渺小

> **贴心小叮咛**
>
> 当孩子无法顺利地将情绪感受表达给父母时,会采取两种做法:一是将其深埋在心中;二是将情绪"丢"给他人,都是别人不好。

感了，自己便可以摆脱这种情绪了。

那些把感觉埋藏在内心深处的孩子尽管尽了最大的努力不去理会，但还是会发现这些情绪从身体里跑了出来。努力让自己扮演好小孩而让哥哥扮演捣蛋鬼的丹有严重的便秘问题。一整天，他会不停地放屁，而且味道相当难闻。丹在情感上用力地武装自己，把其他的情绪都推卸给哥哥艾德，却对生理造成了影响。放屁让他感到相当受挫，因为这个臭味不断让他想到了那些无法摆脱的不愉快的感觉，即使最后能够到厕所里解放出来，也相当痛苦。但让他感到沮丧的不只是身体上的痛苦，丹似乎觉得自己体内有某种具有毁灭性的东西。若让它跑出来，那么所有人都会发现他实际上多么不乖。就算爸妈一再向他保证，这是不可能会发生的事情，也不管用。丹相信，当妈妈看到自己体内有这么可怕的东西的时候，就不会再爱他了。此时，丹需要专业人士的协助，来帮助他处理这些非常复杂的感觉。

妈妈，噩梦追着我

在白天，孩子们需要忍耐一些敌对的、不友善的感受，而梦境和噩梦就是他们处理这些情绪的另一种方式。艾力克斯是一个还算无忧无虑的小男孩，似乎对所有事情都能泰然处之。他结交了很多朋友，在学校里也表现得很不错。但在晚上，他完全是另一副样子，显示了他在白天有多么焦虑——没有人可以从他兴高采烈的行为里看出任何端倪。艾力克斯常常梦到飞机失事或被愤怒的人们追赶。妈妈想起有一次，他半夜尖叫着醒来，说有一只大野狼坐在床尾瞪着自己。妈妈花了很久的时间都无法安抚他。或许，也有可能是因为那时的妈妈开始回到职场，艾力克斯一整天都要待在学校里，这让他清楚地感受到了与母亲的分离。他越来越无法清楚地想象自己在学校里而妈妈在等他回家的这段时间内，到底做了些什么事情。要担心妈妈，还要烦恼妈妈在一个自己不知道的地方是不是安然无恙，势必加深了艾力克斯的焦虑程度。他一定表示过自己对于妈妈要回到职场上工作有多么生气。而在白天，他对挚爱的妈妈的某些感受无法公开地表达出来，因此这些感觉便在晚上涌出。这当然可以达到让妈妈来到自己床边的目的，还可以在半夜得到她的安抚。

突然对某种东西或动物产生恐惧

在这个阶段，你的孩子可能会突然对某样特殊的对象或动物产生极度的恐惧感。就某种程度而言，与产生不知名的焦虑和恐惧感受相比，孩子更容易被一些看得到、摸得着或是宁愿不要去碰触的东西（例如，蜘蛛）吓到。5岁的查尔斯对蜘蛛的恐惧感突然增加了许多。根据父母的说法，这样的恐惧显然是因为他在电视上看了一部有关大自然的影片，影片中用了许多特写镜头，展示了蜘蛛结网的过程。查尔斯是和祖母一起看这部影片的，那也是他第一次和祖母一同过夜。即使从外表上看不出来，但实际上，被父母留下来，睡在不熟悉的环境中的陌生的床上，让查尔斯相当焦虑。但他是自己要求留下来的，虽然爸妈并不是相当愿意。隔天早上，当爸妈来接查尔斯的时候，发现他似乎比平常安静和顺从。在回家的路上，爸妈问他是否喜欢留下来跟祖母一起住，他谈论的却是当祖母弯腰亲吻他说晚安的时候，他可以感觉到祖母下巴上"可怕的多刺短毛"。对查尔斯来说，被亲吻时被刺的感受清楚地显示出了祖母和母亲之间的差异，妈妈晚上亲吻他说晚安时，他总是能感觉到光滑的肌肤。这反而让查尔斯渴望起平时的晚安吻，并更清楚地感受到了自己和母亲分离的事实。他开始想象，父母不会回家来了，或是有什么可怕的事情会发生在他们身上。这种深切的焦虑感受和祖母下巴上"可怕的多刺短毛"混杂在一起。对查尔斯而言，这可能跟早些时候在电视上看到有更多毛的蜘蛛有相同之处。几天之后，当他不小心看到一只真的蜘蛛并无法抑制地尖叫起来时，他的父母了解到了他的恐惧程度，但还是花了一点时间才将这两个事件联系在一起。查尔斯利用戏剧化的夸张方式展现了对一个平凡物体的恐惧，并用它取代了对失去父母的深层焦虑。看起来，这是相当不寻常的方式。

我们都有保护自己的方式，来避免太多的、排山倒海的感受，就像查尔斯对于与父母分离所产生的极度恐惧一样。4—5岁的孩子需要一个具有同情心的聆听者，一个不会对这些事情感到不耐烦且叫他走开的人，或是一个可以告诉他这些事情都不可能发生的人，而且这个人是可以帮自己厘清事实与探究原因的人。这样的努力就已足够，这样对孩子就很有帮助了，就算无法真的找到解决办法也没关系。就像一个母亲会试着了解自己的孩子为什么哭,而事实上,她也不见得总能弄清孩子大哭的原因。

第二章
上 学 去

本章描述的是孩子在学校的生活。从4岁开始可以进入幼儿园就读，属于学龄前的教育，算是正式教育的第一站，从家中独享的生活，转变到在学校分享的集体生活，分享老师和玩具，该如何帮助孩子尽早适应学校生活呢？

他们又是如何建立友谊的呢？

此阶段的孩子已经能体察朋友的感受了，并会想办法拉朋友一把。读着案例分享，忍不住为孩子纯真的友情喝彩。

在学校适应不良的孩子通常是把在家中的角色带到了学校，不知道两者是不一样，有时做一样的事会有不同的结果。

这里也提出了一个议题：竞争，不好吗？请大家去思考讨论。

正式教育开跑了

"妈妈走的时候,我很难过"

即使孩子3岁就已经上幼儿园了,但开始进入正式的学习过程仍是很重要的一个阶段。有很多必须牺牲妥协的地方;也因为开始被当成"大男孩／大女孩"而有所收获。离开婴儿期,失去与父母一对一的特殊关系,每天都面临着和父母的分离,家中若有更小的孩子,这就会变得更加困难。孩子也失去了全能的感受,我指的是孩子相信自己可以很神奇地控制所有事物的感受。此外对父母而言,对孩子放手也很困难,因为他们都还只家中的宝宝而已。我们也常常会看到,早上送孩子去上学时,孩子在和母亲说了再见后,毅然决然地转身离开,抬头挺胸且愉快地向教室走去,反而是妈妈在门口暗自神伤。

老师、玩具不是你一个人的

孩子需要习惯自己只是许多人当中的一个,大家都有相同的要求和需要,这表示大家要一同分享老师和玩具,而且要能够等待轮到自己的时候。孩子在这个时候会如何妥协,一部分与在前4年当中,自己和主要照顾者互动的经验有关。若孩子觉得有人可以用友善的方式考虑和理解自己的焦虑和担忧,便会在内心形成一个母亲或父亲的形象，这个形象是全然善良和充满关爱的，且可以协助自己建立道德规范（超我[1]）的基础，而让孩子知道什么是对的，什么是错

> **贴心小叮咛**
>
> 进入学校必须学习的功课之一是：妥协、分享、与人合作。

的，即使他们无法每次都能够将这样的认知转化在行动上。但这可以让他们在感受到压力时，仍觉得自己是受到支持的、是安全的，而且这同时也给予了孩子尝试和探索新事物的勇气。因此，若一切发展顺利，孩子便能享受自己在更为广阔的世界中所遭遇的变化。然而，他们还是需要在家中度过一些时间，因为只有在家里，他们才不需要是懂事和自律的。

适应环境该提前准备

在英国伦敦的小学当中，幼儿园大班的孩子会慢慢准备进入一年级。大班有专属的操场游戏区，位于幼儿园里用栅栏围出来的一块地方。在衔接一年级前的暑期，老师会带着孩子们到小学的大操场活动，刚开始只活动一小段时间，到学期结束前一个月，会安排一整个中午休息时间，让孩子在那儿玩耍。

在转移到大操场活动的第一天，可以发现，比起其他大一点

---

[1] 超我是弗洛伊德提出的人格结构之一，是人格结构中代表理想的部分，它是在成长过程中通过内化道德规范、内化社会及文化环境的价值观念而形成的。超我代表人的良心、社会准则和自我理想。——译者注

的儿童,"初来乍到"的孩子们突然间变得非常渺小和脆弱,尤其是当如巨人般的11岁儿童在四周吵闹、尖叫和大喊时,4—5岁的孩子们看起来迷惘且困惑。在幼儿园里,跟3岁的孩子在一起的时候,他们已经习惯自己是年纪较长的那个了。然而,在这里,他们又变成最小的了。他们会和同班同学聚集在一起,很多孩子会依靠在栅栏旁,等着铃声响起,这样就可以马上回到让他们觉得安全和熟悉的区域里了。其中有一个小男孩对着另外一个小朋友说:"让我们把那个寂静花园当作我们的家,走,那里比较安全。"然后两人便跑向原来小操场旁边的一块四周被围起来的地方。

任何阶段性转变都会再度引发孩子在年纪较小时的一些感觉,甚至可以回溯到断奶的时候,或是因为弟弟妹妹的出生而产生的被遗弃感。我们可以用罗比的状况来进行说明。第一天到大操场上活动时,他想起在9个月前第一天来上学时的恐惧感受。罗比在说话的时候,一步也不愿意离开栅栏,因为那里隔出了小操场和大操场的界限。他不停地说着"和那些大的"在一起是多么恐怖,而自己又多么想要回到原来的地方。然后,他回想起第一天来到学校的时候,那时的自己"只有4岁","我想要妈妈留下来陪我,她走的时候,我好伤心,但我忍住了,没有哭"。罗比在那个时间点上特别需要一个母亲,因为他刚才在操场的柏油地上跌了一跤,而且手上擦破了皮。他说那时候的自己"想要追上詹姆斯,可是他跑得太快了"。这似乎象征着他的挣扎,到底是该安全地待在幼儿园里,没有成长和改变的空间;还是该长大,却得承担会受伤以及可能追赶不上其他人的风险。

午休结束了,小朋友们回到了小操场。回到自己所熟悉的区域,他们似乎变得更胆大妄为和喧哗吵闹了,不停地跑来跑去,用力地踩着自行车或三轮车的踏板,在操场中狂奔,在行进当中惊险地闪过其他人,发出的噪声明显增加。他们这是在模仿大操场上的大孩子们的行为。

经过一段时间后,绝大多数孩子到大操场上玩的时候,慢慢地培养出了自信心。他们身处于这些大孩子之中时,旁人也越来越不容易快速辨识出哪些孩子还是幼儿园的小朋友了。虽然他们仍然会和同年级的同学一起活动,但会逐渐占领大操场的一些区域,这些原来是其他大孩子的地盘。若是有年纪较大的哥哥姐姐也就读于同一所学校,一般而言,孩子的适应会容易些。

孩子们最常玩的是"捉人游戏",他们不停地轮流大喊着"来追我啊""来抓我啊"和"抓不到我吧"。有几个年纪较大的女孩也参与了这个游戏,而且联合起来把一些小男孩们(小女孩们似乎都不太热衷这个游戏)围堵在"寂静花园"里的一个封闭区域。她们称这个地方为"地牢"。这些女孩守住了入口,并把所有想要逃跑的小男孩一个一个推回去。她们的动作越粗鲁,男孩子们表现得越开心。他们几乎把整个休息时间都花在这个游戏上;在之后好几次的休息时间,又在继续玩这个游戏。每一次在差不多的时间点,大概是快要回去上课的时候,战况就会逆转,小男孩们会想办法反过来捉住那些女孩们,虽然这些女孩明显是故意被抓到的。或许在这个时候,那些10岁或11岁的女孩打算让小男孩们尝尝看,身为更大、更强、更有力的一方是什么样的感觉;换句话说,是让他们表现得像未来长到10岁时,一个男孩应该会有的样子,包括在吓唬或制伏同龄女孩时,不会有任何的困难或做不到的风险。

某些4—5岁的孩子学会了使用由绳梯组成的攀爬架,旁边还有一根铁管,可以像消防队员一样由上方滑下来。这一体能上的发展让他们在大操场上感觉较为自在。孩子们会开始讨论,等暑假结束进入一年级就读时,生活会是什么样子。虽然他们对于改变仍然有一些恐惧害怕,不过他们的话语中也透着些许的兴奋感。但是,孩子们很难想象要离开自己的老师,就如同艾米说的,"我希望老师跟我们一起到一年级去,她不会离开我们的,对吗?"

如何让孩子早点适应学校生活

"我妈妈会在家里做一个特别的蛋糕等我回来"

有些孩子在学校的时候会需要较确切的对象来提醒自己有关父母的存在,就像前一章所提到的本一样,需要坐在老师的膝头上帮助自己搭起家里和学校之间的桥梁。书籍在这种时候也很有帮助。挑选一本妈妈或爸爸在家里会读给孩子听的故事书,让他们带到学校,这样一来,可以给孩子一种父母与他同在的感觉。

尼克带了一本自己的书到学校去,是一本有关可怕怪兽的故事书。老师把这本故事书读给全班听。这是一个有趣的故事,每个小朋友都被书中押韵的童谣和一些较为粗俗的用词(会吸引这个年纪的孩子的那一种)惹得哈哈大笑。当他们准备去换玩游戏时要穿的衣服时,大家还不停讨论着自己最喜欢的怪物是哪一个,还会重复书中的用词来形容它们。尼克表露出骄傲的神色,他一点也不介意把书借给班级一天,因为"我妈妈昨天晚上和前天晚上都念了这本故事书给我听,我已经记得里面的内容了。"

绝大多数大班的老师对于小朋友带自己喜欢的玩具或是故事书来学校,或是让他们把学校中和家里所发生的事情建立联系,都持宽容的态度。一

> **贴心小叮咛**
>
> 如果老师对孩子采取比较宽容的态度,对孩子适应学校生活会有帮助。

个大班开始上下午的课了,在孩子们说完"威克老师下午好!"之后,老师让孩子们与其他人分享了一些自己在日常生活中发生的事情。很多孩子都会提到家中即将发生的或是已经发生过的事件,各种各样,从"詹姆斯今天会来我家玩,妈妈要做一个特别的蛋糕给我们吃",到更不寻常的情况,例如,"上周六,我爸爸和我遇到了球星贝克汉姆"。

这个年纪的孩子的口语能力已经发展到了可以用语言唤起对父母的印象,可以依赖话语象征性地与父母联结,而不再需要

父母本人实际出现在眼前。令人惊讶的是,在校的时间里,可以从孩子口中发现许多关于爸妈的信息。最典型的例子可以是"今天外祖母会来接我,因为妈妈今天要加班""我爸爸的脸很干,他都擦一种很特别的乳液",或者"我妈妈很不喜欢吃蜗牛,她说她再也不会吃这种东西了"。他们也可能说出心里面的期望,但会利用一种深切相信爸妈想要对自己好一点的口吻说出来,就像苏菲亚说的,"我想我们家应该会去海边度假,但我猜,妈妈和爸爸因为想要给我一个惊喜,所以还没告诉我这些。"

对孩子而言,与自己一同经历过许多的父亲或母亲明显不同于自己不熟识、不亲近而且还得和其他20多个小朋友一起分享的老师。去适应这两者之间的差异并不是一件坏事。这表示孩子需要找到一种方式能够更清楚地表达自己,有时甚至需要自行处理问题,或是依靠同伴的帮忙来解释所发生的事情。孩子们会发现,自己身在一个可以利用不同方式学习事物的环境中。在那里,他们也会需要使用不同的方法来表达自己的需要。当孩子从学校回到家,妈妈问:"你今天在学校里都做了些什么啊?"他们通常会用简单的几个字一带而过:"没什么。"家长可能会对此反应感到失望无助。事实上,对孩子来说,情况是"发生了很多事,但是太难以解释了!"有

> **贴心小叮咛**
>
> 学校和家里是不一样的。在不同的环境里,孩子必须学习使用不同的方法来表达自己的需求。

一本已经绝版的故事书《小浣熊和外在的世界》(*Little Raccoon and the Outside World*)，书中用有趣的方式详细描述了对孩子来讲，这两种世界的不同之处：一个是在家中与妈妈在一起的已知世界，以及除此以外的陌生且多变的世界。

愿意和我做朋友吗？

"我可以一起去吗？"

要是孩子可以和幼儿园里的朋友上同一所小学，到"真的"学校上课的转变会变得容易许多。有时候，若孩子们去了不同的学校，适应起来就会较为困难。此时，结交新朋友变成了首先要面对的问题。有些孩子在这方面比其他人厉害一点。若你的孩子拥有自信或外向的个性，这对他适应新学校是有帮助的。但较为害羞的孩子可以把友情作为保护壳，让他免受余下的外部世界的侵扰。有趣的是，如同大人一般，孩子们也会吸引与自己在某些方面较为相同的人，所以胆小害羞的孩子会聚在一起，而喜欢违反规定和冒险的孩子会成为好朋友。

一年级的儿童开始用一种不同的方式来关心他们的朋友。整体来说，他们是真的想要平息与朋友之间争吵。然而，他们对于与兄弟姐妹之间的争执通常不会有这样的希望，或根本没那么介意。此时，孩子们也开始发展出对朋友的道德观念，这也与对待兄弟姐妹的态度完全不同。一个5岁的小女孩说:"可以把她的玩具拿走,没关系,因为她是我唯一的姐姐。"但她表示自己绝对不会拿走朋友的玩具(Dunn,2004)。

令人惊讶的是,孩子在这样小的年纪就可以了解朋友的感受了,知道他们为什么会难过,又要如何帮他们加油打气或安慰他们。在下着毛毛雨的一天,一个小女孩,普瑞雅,站在操场上生气,因为妈妈忘记给她穿上防水的外套了。中午休息时,普瑞雅身上穿着其他人借给她的外套,但她还是难过地站着不动,就好像因为没有穿自己的雨衣会给她带来羞辱而让她石化不动,当然也有可能是为妈妈"忘记"了这件事情而生气。那妈妈有没有可能也"忘记"了普瑞雅自己呢?这当中掺杂了文化因素,因为普瑞雅和家人是从印度移民来的,在英国仅仅住了几年。或许她已经受不了妈妈迄今仍不了解英国人的生活方式,具体表现在妈妈竟然忘记帮自己带这件最"英国式"的东西——雨衣。她最要好的朋友朱迪试着鼓励普瑞雅加入自己正在玩的游戏,但她连移动一下都不愿意。朱迪告诉普瑞雅,自己帮她留了一个位置,而且在等她一起来玩。朱迪说:"拜托,普瑞雅,来嘛!"但她无动于衷。朱迪叹了一口气说:"你很难过吗?"普瑞雅点了点头。"你是因为雨衣而感到难过?"她又点了点头。1分钟以后,普瑞雅跟着朱迪跑开了,在剩下的午休时间里,两人快

> **贴心小叮咛**
>
> 四五岁的小朋友已经可以体察朋友的感受了。

乐地玩在一起。朱迪衷心希望了解朋友到底是为了什么而不快，这份心意帮助普瑞雅解除了静止不动的状态，也让她开心地跟着朋友去玩耍了。

在友谊当中，任何类型的假装游戏都有可能发生。孩子们可以借此分担所展露出来的恐惧，因为他们知道有两三个人和自己在一起，会感到比较不害怕。孩子们也可以一起分享对事物的热情与刺激的游戏，还会单纯因为一些小事而放声大笑。5岁的詹姆斯（在第一章中提到过的）自己玩着一个游戏，假装妈妈死了，整个世界只剩下他自己。然后他的朋友罗比前来加入这个游戏，并很贴心地问詹姆斯是否需要有人陪伴。这两个孩子便把觉得自己孤苦无依的这种恐惧想法转化成了两个人结伴去外层空间探险的游戏。

如果自己的朋友上课缺席，孩子们会有一种仿佛失去了亲人的感受，就像莫莉在某一天的表现一样。那天，她的好朋友亚当没来上学，莫莉说她不知道亚当为什么没有来。莫莉难过又伤心地说，他可能是生病了。但莫莉想到自己可以画一幅画给亚当，一幅赛车的画，因为亚当很喜欢赛车——虽然她自己很不喜欢这项活动，但是亚当喜欢，这幅图应该会让亚当觉得好一点。莫莉确信亚当一定会喜欢自己画给他的画。看起来，当发现可以为亚当尽点

> **贴心小叮咛**
>
> 你知道吗？如果朋友上课缺席，孩子竟会有一种仿佛失去了亲人的感受。

心力而且送了他只属于他的某些东西时，莫莉也好过了一些，她觉得自己和记忆中的亚当更为亲近了。这个莫莉就是在第一章提到的要画一幅画让妈妈早点康复的莫莉。

当莫莉开始画赛车时，她又提到自己在午休时间觉得很孤单，因为亚当不在，而且她喜欢他，然后又咯咯地笑着说："我爱他呀！因为有时候我会在操场上追着他跑，追到他的时候，我会亲他一下。有时候是这样，但有时候我不会亲他，因为亚当通常跑得比我快！"如此看来，对莫莉而言，重要的并不是追着去亲亚当的这个游戏，而是因为亚当不在，莫莉失去了这样的一个关系，一种刺激的追逐，最后有时候是以亲吻结束的，有时又不是。莫莉现在是独自一个人，并且焦虑地担心着亚当是否安好。

在学校和在家中的角色是不一样的

"老师老师，詹姆斯没有把他的东西收好"

在某个程度上，孩子会把自己在家庭中已形成的身份认同带到学校。他们在家中的行为模式、与家人互动的方式，跟在学校与同伴和权威人物在一起时相当类似，因为孩子们将这些人视为像自己的兄弟姐妹及家长一般。但是，事情并非完全如此，因为学校会给他们机会测试对自己的了解。实际上，其他人毕竟和自己的兄弟姐妹、父母不同，他们可能会使用不同的方式与其互动。举例而言,一个孩子若是习惯了自己的需要马上能得到满足——无论是因为父母怕他发脾气,还是舍不得让孩子失望——这个孩子很快会惊讶地发现,在学校里,这样的行为并不会带来像在家里一样的结果。

> **贴心小叮咛**
>
> 同样的行为,在家中和在学校可能有不一样的结果。

有时候,某个孩子会成为代罪羔羊,承受其他人的急着想要摆脱的糟糕感受,有点像我们在第一章提到的丹一样,他把所有的不好的情绪都发泄到哥哥艾德身上。刚满 5 岁的阿奇似乎就处于这样的情况当中。无论什么时候,只要大家在上课时有任何骚动,不论骚动大小,所有人都会转头看着阿奇。没多久,大家就会期待他成为那个始作俑者。令人难过的是,阿奇很快也开始配合演出,真的开始在上课时扰乱同学,或是在老师说话时做出令人讨厌的行为。他不再相信自己可以做好事,或是需要专心上课。有一次,老师问,哪些人可以很快地走过走廊而且不讲话,并请觉得自己做得到的人举手。除了阿奇,班上几乎所有的小朋友都把手举了起来。他似乎无法相信自己也做得到其他人可以接受的行为表现。他开始试着通过告状来脱离这样的定位,"老师!老师!詹姆斯没有听你的话把自己的东西放好。"或是"老师,你看苏菲亚在干什么,她把纸撕破了。"而这些行为只会让他更不受欢迎。但是,班上的老师拒绝与其他孩子同谋,甚至也拒绝与阿奇同谋,他不让阿奇总是成为代罪羔羊。这让阿奇得到了和在家里不一样的经验：在家里，妈妈除了工作，还需要单独养活一大家子人，因此会不明就里地习惯性地责怪阿奇，因为这样处理事情比较容易。巧的是，在家里也像在学校一样，阿奇通常会而且也喜欢对号入座，让自己陷入麻烦当中。

对号入座偶尔也会在家中出现。也就是说，在家里，会有一个孩子被认为是比较顽皮和不听话的，久而久之，他自己也认为就是这样，这变成了一种自我定位。所以，学校和外界是相当有帮助的，可以有效帮助那些一直被认定为有某种性格的孩子做一些良性的调整，无论是遭到其他人误解的，还是自我发展出来的。幸运的话，若有敏感的大人发现了这样的状况，孩子就有机会发现，相同的行为得到了不同的反应结果。

从合作游戏中观察孩子的个性

"我画了一个鬼，来当你画的鬼的朋友"

大约在这个时期，孩子会开始从自己一个人玩，逐渐发展出要与别人合作的游戏，可以看到这种方式会产生一些更有创意的事物。当然，总会有一些孩子想要指使别人，有些孩子则偏好听从指示，也有喜欢自己行动的孩子。但整体而言，孩子们变得较愿意分享各自的想法，并组合不同意见了。相较于各做各的，这样的互动产生了更多的可能性。

在大班的游戏时间,有三个小男孩形成了一个小团体,其中两个孩子正在修饰一幅画。这幅画一开始是由法里德画的,他很高兴能够退让一步,让另外两个孩子来接手。三个小男孩很高兴地聊着,说到了自己在法里德的这幅画上有些什么样的贡献,加上了一架在高空飞翔的飞机。罗伯画上了划过天空的闪电和雷,西奥开始画长长的雨滴,直接从天上落到地面。法里德回来在画的右下角画上了一个绿色的鬼怪,罗伯不一会儿用其他颜色也画了一个一样的,帮法里德的鬼怪加了一个朋友。他们争论着鬼怪是否会被雨淋湿,或会不会被闪电击中,持续讨论自己画了哪些东西,沉溺于图中的故事情节里。当时间到了要把画从画架上拿下来,然后放到"带我回家"物品所在的地方时,他们没有对这幅画该属于谁产生任何争论。一开始就是法里德动手画的,所以应该由他把画带回家,给妈妈看。

> **贴心小叮咛**
>
> 四五岁的小朋友开始发展和他人一起合作的游戏玩法。

一个5岁的小女孩不停地在篮球架上滑动双脚。她说:"我的脚很兴奋,因为我就要拥有一双新鞋了。看!我的脚一直滑来滑去,而且不肯停下来。"另外一个小女孩走过来,什么问题也没有问,就爬上篮球架,也让自己的双脚上下滑动。当两个人都在滑动双脚的时候,她们开始讨论起鞋子,然后聊到各自的家庭(一个小女孩是日本裔,另外一个是印度裔)和自己的国家。在这段时间里,两人的双脚一直在以一致的节奏滑动着。

竞争，不好吗？

"我的火箭比你的快"

无论孩子多么希望和谐地一起玩游戏，还是很快会变成竞争性的对抗，尤其是在兄弟姐妹之间，就像我们之前看到的一样。当然，这种情况在朋友之间也会发生。这个年纪的孩子会对自己的身份认同和在学校里的地位状况感到焦虑。要让自己觉得比较厉害或较为优越，摆脱那些觉得自己没有的存在价值或是渺小的恐惧感受，最快捷的方式是搬出自己的父母。例如，孩子们可能会讨论到爸妈，会叙述一些事情，显得与其他人的家庭相比，他们是比较好的（或是比较有钱，或是比较聪明的，等等）。

> **贴心小叮咛**
>
> 在四五岁这个年纪，竞争是成长的一部分。只要能够维持一种友善的态度，基本上是没什么不对的。

以下是在一所小学里，3个5岁的小女孩之间的对话。这段对话可以展现孩子们胜人一筹的意图，但能以比较温的方式来表达：

萝丝：昨天有两只猫咪跑到我家的前院，还把所有的植

　　　　物都刨出来了。
薇琪：嗯……猫咪昨天也跑到我家的院子了，把垃圾桶打翻了，还把垃圾撒得满地都是。
乔可：喔！昨天有狐狸在我家的院子里，把垃圾弄得到处都是。而且，妈妈和爸爸很生气，因为他们要整理这些东西。
萝丝：有一只狐狸昨天进了我家的厨房，坐了下来。妈妈向它丢了一个盘子，不过那只是一个纸盘，所以没有破掉。而那只狐狸就一直留在那里，待了好几天。

刚开始，萝丝以一种大人的口吻（她甚至学大人叹了一口气，来表示生气）交换了有趣的信息。但很快，一切就变得过分夸张了，夸张到无法分辨哪些是事实，哪些是想象。萝丝描述事情的方式让另外两个小女孩哑口无言。她们两个人都没有办法知道狐狸是不是真的进到了厨房里。另外，有关妈妈丢了一个纸盘的信息增加了现实感，让这件事情更难以质疑。这就是开始这段对话的那个小女孩——萝丝——用来表现自己胜人一筹的方式。在之前讨论到的案例中，法里德起头画了一幅画，之后与罗伯和西奥合作完成了这幅画。在这个例子中，并不存在比较竞争、一定要略胜一筹的情绪。

有的时候，这个年纪的孩子并不需要搬出自己的爸妈，因为他们本身就很会创造出"比你的好／比较快／比较厉害"的情况,这当然是一种竞争,不过是友善的竞争。有两个在游戏区玩积木的小男孩,正用这样的方式来比较自己的积木火箭,这段对话听起来是这样的:

汤姆:我的火箭可以飞100万兆公里远。
基兰:嗯……我的火箭可以飞过太阳系,然后再飞回来。
汤姆:我的火箭可以飞过太阳系,还可以穿过金属。
基兰:我的火箭也可以做到那些,而且还可以穿过……什么东西比金属更硬呀?

这段对话持续了一段时间,两个孩子都试着要比对方好,不过这个游戏的绝大部分是以温和的方式进行的。最后,他们决定搭乘他们的火箭到"比100万兆公里还要远"的地方。这两个小男孩是朋友,气质也非常相似。当以一种两人都觉得很有趣的方式竞争时,他们显然很享受双方斗智斗勇和比较谁对于世界了解得更多的过程。

在他们的这个年纪,竞争是成长的一部分,只要能够基本上维持一种友善的态度,其实是没有什么不对的。但是,如果一个孩子不清楚自己的价值感,可能会让竞争者有些难堪,也就是为了维持自我意识,会采取一种压抑或贬低他人的方式。

第三章
社交生活新挑战

此阶段的小朋友经常借助游戏来拓展他们的社交圈,有的喜欢呼朋引伴,有的喜欢独来独往,你的孩子属于哪一种呢?

好奇心是他们探索世界的最大动力,也是学习的最佳助力。孩子们最感兴趣的问题是婴儿是从哪里来的?答案五花八门,令人莞尔。

仔细观察,会发觉这一年龄的男孩会跟男孩在一起玩,女孩会跟女孩一起玩,而且玩的内容也很不一样。

为什么我的孩子不受欢迎?原因可能有千百种。其中,恃强凌弱的行为就是一条线索,通过对案例的观察分析,可以让父母理解问题到底出在哪里,以及该如何面对,进而帮助孩子在人际关系上有所改善。

懂得分辨真实与想象

"嘿,亲爱的,我回来了!"

这个年纪的孩子对于现实生活和想象世界已经有了清楚的理解。4—5岁的孩子在一起玩的时候,所扮演的身份和角色可以让他们对大人在那个更宽广的世界中的所作所为一探究竟。有时,孩子会通过分配角色来领会,例如会说出"你来当妈妈／公主／医生,我来当爸爸／王子／病人"。但有时候,在一个会展现某些情绪的故事情节当中,所有人都会不自觉地融入看似事先安排好的角色当中。从5岁的朗尼身上,我们清楚地知道这个小男孩想要扮演的角色,以及他希望他的朋友们可以承接什么样的身份。他大步走进游戏区,说:"嘿,亲爱的,我回来了,孩子们呢?我带了一些巧克力糖给他们,是我从巧克力工厂偷来的哟!"他的朋友马上就会假扮起太太的角色,随手捡起一个布娃娃,并用夸张的口吻回答:"小孩今天很不乖,不应该给他巧克力糖,他一整天都快把我烦死了!"然后,她在布娃娃的屁股上狠狠地打了一下。

> **贴心小叮咛**
>
> 4—5岁的孩子对于现实生活和想象世界已经有了清楚的理解,不会傻傻地分不清。

朗尼知道自己其实不是一个父亲或小偷，他仅是一个5岁孩子。其他的孩子也对自己是谁有着清楚的认知。但他们会利用角色扮演的方式来体会身为其他人或是做出一些被禁止的勾当（例如，从巧克力工厂偷糖果）会是什么样的感觉。假装自己是超人的孩子不停地来回呼啸奔跑，是在体会自己无所不能。他们还会做出像飞行一样神奇的行为，不过当有需要的时候，他们也可以很快地回到地面上，脚踏实地，做回原来的自己。

有时，孩子会有一个假想的朋友，而且会坚持要家人也认真对待这个朋友，就如同这个人真的存在一样，例如，要在餐桌上帮她留个位置。哪怕孩子在现实层面不肯承认，但在他内心深处，还是知道这个朋友是自己创造出来的。

有一个假装游戏历经世世代代，仍然广受欢迎。这个游戏是由一个人装成邪恶的巫婆，四处奔跑抓住无辜的受害者。巫婆就像常常出现在童话故事里的可怕继母，是经常可以在故事书里看到的一个角色。从《糖果屋》到罗尔德·达尔（Roald Dahl）所描述的非常吓人的《女巫》（*The Witches*），有一条不可冲破的界限，就如同罗尔德曾经在《女巫》这本书里愉快地说到的，就连你的老师或妈妈也可能是一个女巫！每次看到幼儿园的孩子们玩这个游戏，便会发现孩子们很容易落入巫婆／犯罪者和无辜受害者的角色当中。这个现象总是让我感到震惊。虽然他们会轮流当巫婆，但有一个小孩，卡拉，实在很不像无辜受害者，她很明显地喜欢展现令人觉得害怕和恐怖的一面。换她扮巫婆的时候,她会发出险恶的嚎叫声,眼中闪烁着怒气。有两个被她抓到的女孩看起来真的很害怕,她们假装被绑起来关在笼子里,坐下来手高举过头,并把眼睛紧紧地闭上。当卡拉去追捕其他的受害者时,她们两人既不会乱动,也不说话。但当大人问这两个小女孩在做什么时,她们蛮直率地说:"我们只是假装被巫婆抓到了。"随即又闭上眼睛、紧紧地抿住嘴唇。换另外一个小朋友当巫婆的时候,卡拉似乎不愿意被抓到,而且拒绝坐下来闭上眼睛,也不把手放在头上。有趣的是,这个时候,当巫婆的小女孩似乎对于假扮巫婆来抓人并把他们关在牢里这件事失去了兴致。就像卡拉能很自然地融入巫婆的身份一样,这个小女孩偏爱扮演受害者的角色。因此,换她扮演巫婆的时候,她会四处游荡,似乎忘记了自己原本应该要做的事情,游戏只好就此结束。即使是这样小的孩子,也会对扮演某一个角色感到比较自在,就像是游戏当中的受害者或加害者。很少看到有儿童能够在不同的角色之间自如切换。

但若是孩子因为觉得现实生活非常可怕和危险,开始想要在一个假装的世界中生活,就会产生问题。有时

> **贴心小叮咛**
>
> 4—5岁的孩子也会对扮演特定的角色感到自在。例如,有人喜欢扮演巫婆;有人喜欢扮演受害者。倒是很少看到有孩子能够在不同的角色之间自如切换。而从角色扮演中也可以观察到孩子独特的个性。

候，逃到一个"虚幻"的世界里，有着完全不同的身份（就像我们看科幻小说，而且相当沉浸于书中的情节时），会让一些孩子觉得比较安全，因为无论基于什么样的理由，他们都实在无法忍受现实生活。不过，这通常只是一个短暂的阶段，常常因为在那个时候无法面对外在世界里发生的某件事，例如，失去家人，有弟弟妹妹出生，或是面临对孩子而言太难以处理的任何痛苦事件，而需要可以稍微暂停一下的时候。

> **贴心小叮咛**
>
> 若是孩子觉得现实生活非常可怕和危险，开始想要在假装的世界中生活，就会产生问题。

好奇心作祟

"妈妈们到底是从哪里来的？"

5岁的洁西卡在给母亲节卡片着色的时候，突然停了下来，还皱起了眉头。短暂的沉默之后，她说："我不知道妈妈是从哪里来的，我知道妈妈也曾是一个小宝宝，是她的妈妈把她抚养长大的，但是我妈妈的妈妈又是从哪里来的呢？"接下来又是一阵沉默，然后她叹了一口气说："这件事情真的很难搞清楚。"4岁的蒂娜也想着一样的事情，她向大家宣布，自己将来不会找一个先生来"生小孩"，她要"靠自己一个人的力量"把花园里的种子养大。这些案例说明了在孩子试着理解一些理所当然的事物时，4岁和5岁的孩子在思考内容上的差异。然而，这两件事情有一个共同点：有一样事物不存在于这两个小女孩的思考过程中，那便是父亲的角色。蒂娜有点是出于故意，而洁西卡则混淆了妈妈和爸爸之间的这个重要的连接。通过接受母亲和父亲两人一起创造出了第三人的这个事实，孩子可以敞开心胸接受所有其他类型的连接，这些连接是创造许多其他事物的必要条件。4岁的蒂娜并没有真的准备好接受这个事实，洁西卡则已经可以理解了，虽然她还是觉得这件事"真的很难搞清楚"。

> **贴心小叮咛**
>
> 4—5岁的孩子常常玩怀孕的游戏，表达出他们对婴儿从哪里来的巨大好奇心。

从第一章提到的塞米身上，我们看到他因为能够和父亲一起用纸箱做一辆小汽车而感到快乐。这些都会对孩子们有所启发。当孩子们有必要和大人在一起时，会表现得更为认真，能完成更多的事情。基于同样的理由，也就是一旦接受了父母在一起可以创造出其他的事物，任何事情都是可预期的了。

一旦这个年纪的孩子接受了妈妈和爸爸可以一起创造出一个婴儿的观念，他们便可以把了解这方面的需求搁置在一旁，而充分发挥自己的好奇心。这也是一个表示孩子开始学习的重要指标，但这并不表示他们对于婴儿从哪里来不再感到好奇。4—5

岁的孩子常常玩怀孕的游戏，就如同下列案例所描述的。4岁的爱丽和6岁的姐姐安娜一起玩着游戏：

> 爱丽拉着安娜的手臂，烦躁地说："来嘛！安娜，我们来玩'宝宝需要去睡觉了'。"安娜甩开爱丽，说自己不想玩这个游戏。爱丽消失了一阵子，回来时手上拿着一个穿着粉红色衣服的布娃娃。她兴奋地咯咯笑着，把布娃娃丢给安娜，叫着："拿去，安娜，这是你的宝宝。看，她从你的肚子里生出来了！"安娜拿起娃娃，胡乱地塞在衣服底下，在房间里顶着肚子走了几圈，突然之间，又把布娃娃从衣服里拿了出来，还给爱丽，大声说着："拿去，爱丽，我才不要把你的小孩塞在我的衣服里走来走去呢！"爱丽拿回娃娃，然后走回自己的房间。

虽然安娜一开始有点犹豫是否该加入游戏，但她无法抗拒假扮一个怀孕妈妈的机会。爱丽自己很清楚，应该由安娜要来扮演这个有小孩的角色，可能是因为她内心深处感觉这个游戏有些禁忌、羞耻的部分。她肯定对这件事情相当兴奋，也许安娜也是。但当安娜突然想起自己正在做的非常大人的事情时，她冷不防地停止了这个游戏。

大约在这个时候，孩子们突然会觉得"屁股"和"小鸡鸡"这类字眼相当的滑稽有趣。我曾经看过两个5岁的小男孩，只要其中一人提到"放屁"这个词,两人就会歇斯底里地狂笑到在地上打滚。一对双胞胎自己编了一首童谣,他们会在傍晚洗完澡还没穿上衣服前,光着身体在房间里跳来跳去,并且笑着唱道:"我们是脏小孩!我们又臭又脏!我们的肚子很臭,我们的屁股很脏,我们的小鸡鸡会尿尿,我们的屁股会大便。"当然,一直听到这首童谣会让人很厌烦,但这当中的天真无邪又让人觉得是可以接受的。这也展现出5岁的孩子对自然的身体生理功能慢慢产生了深入了解的兴趣。

这或许是一种指标,表示这个年纪的孩子在发现身体上所谓的尴尬部位这么有趣的时候,似乎马上从显而易见的与两性相关的事物,转移到较为幼稚的欢乐。在这个阶段,对于两性相关事物的兴趣似乎已经消退,或是暂时退烧。这让孩子在十一二岁的青春期来临前,有几年的缓冲时间,把注意力放在其他事物上。

我是女孩,你是男孩

"小女孩是用什么做的?"

这个年纪的孩子常常会接受家庭以外的世界赋予男孩或女孩的刻板角色,并寻求自我的真实认同感。或许,只有在一开始的时候接受的最极端的角色,才可以让他们更加确认自己在性别连续性上的确切位置。在开始上学的第一年,感觉和其他人一样并融入集体是最重要的,且有着强烈的动机要更加确认这一点。在这一方面要觉得自己和其他人不一样是很困难的,尤其是很多其他方面已经有很多不同之处了,例如,族群、文化和家庭组成等。让人惊讶的是,在一个幼儿园大班的班级中,有些小朋友不只知道古早的童谣《小男孩／小女孩是用什么做成的?》,还会不停地对同学唱,尤其是当女孩们想要捉弄男孩的时候。女孩倾向和女孩玩在一起,男孩倾向和男孩玩。在这个年纪,最要好的朋友绝大多数都是同性的。就像一个5岁的小男孩说的:"女孩好讨厌!"

> **贴心小叮咛**
>
> 4—5岁的小朋友总是倾向和自己同性别的孩子玩在一起。

举例来说,阻止儿子玩玩具枪的家长会发现,即使是最无害的物体,也可以被当作致命的武器。在幼儿园大班里,孩子们利用塑料食物玩着商店买卖的游戏。刚开始时,男孩和女孩分别轮流当店员和客人。突然,有一个小男孩拿起了一个塑料香蕉,然后跑开了,在远处把香蕉假装成手枪,指着另外一个男孩,且发出了模仿射击的声音。很快,所有的小男孩都开始在操场上跑来跑去,每一个人手上都有一把香蕉手枪,对着同伴射击,而女孩们则是继续玩购物游戏。

4—5岁的男孩和女孩的绘画也是用来了解孩子们需要确认自己的性别类型的重要指标。我们可以通过下列案例清楚地了解这当中的差异性。有三个小男孩在画架的一边画图,另外一边则是三个小女孩。男孩们描绘着一幅火箭正要起飞的景象(这三个男孩正是第二章提到一起画飞机的小男孩),他们在图画的下方画上了可怕的线条,以表示烟雾和火花。当大家一起替这场火灾加上不同的颜色时,三个人很兴奋地大笑起来。另外一头,三个小女孩正画着一个全身穿着粉红色礼服的公主,且在礼服上装饰了许多心形图案,女孩们咯咯笑着,还窃窃私语,讨论着谁来第一个当公主。

> **贴心小叮咛**
>
> 4—5岁的孩子的绘画是用来了解孩子们需要确认自己的性别类型的重要指标之一。

在和大操场分开的幼儿园操场中,男孩们会骑着自行车或三轮车飞奔,要是错过与同伴对撞的机会,就会放声大笑;女孩们则是围成小团体聊着天。这样的情景当然也是另一个描述了性别差异的情境,即便有例外的状况。不过,我们还是难以接受为何孩子在家表现出来的特质与在学校里展现的典型的男孩、女孩类型完全不同。

家长有时候会过分担心孩子看起来对自己的性别认同太强烈,不过这通常只是过渡时期,孩子需要以自己的步调长大。父母越是反对或评断孩子,比如对女儿只穿粉红色的衣服或不停地画公主有所批评,越是会让孩子更坚决地维持那样的状况。孩子们会在想象游戏中体验不同的感受,但不会在现实生活的班级里或操场上尝试体验这些。通常，孩子可以在扮演他人的时候了解那是什么样的感觉。艾米——三个一起画公主的小女孩之一——特别喜欢假装成一匹要脱缰的马，或是一条会咬人且会乱吼乱叫的坏狗狗。有些女孩会假扮成父亲，脚步坚定地走来走去，看起来很生气，会大吼大叫，恐怕她们的爸爸会觉得那并不像自己平常的所作所为。男孩们也一样，会以教室里的娃娃屋为掩护，玩娃娃，试着理解当妈妈的感觉是什么样的。这种种迹象都暗示着孩子的渴望——希望了解自己是谁，以及如何融入社交世界。

> **贴心小叮咛**
>
> 孩子们会在想象游戏中体验不同的感受，但不会在现实生活的班级里或操场上尝试体验这些。

恃强凌弱的开始

"她让我们觉得很难过，她好可怕！"

有些孩子会通过指使和控制别人，来处理自己的无助和脆弱感受。一个5岁的意大利小女孩卡拉（本章稍早提到的那个喜欢扮演巫婆的女孩）刚到英国时，一句英语也不会说。一年之后，她便可以很流利地说两种语言了，而且一点口音也没有。不过，这让她在情绪发展上付出了一些代价。卡拉会无情地指使身边的小朋友，有时甚至会把其他人惹哭。如果有任何人胆敢违背她的意思，她的眼中就会闪烁着怒气。在玩假装游戏时，她会给每个小朋友指派角色，不管对方是否愿意。令人惊讶的是，孩子们并没有太多的抗议。卡拉会坚定地说："不行，你不能当公主，我才是公主，你应该当我的猫咪。"然后，她便开始规定猫咪应该要有什么样的行为。有一次，卡拉像往常一样占据了城堡，且扮演起她平常会假装的公主角色，还命令另外三个小女孩跟她一起玩，扮演她的女仆。她们玩的游戏内容是做一个蛋糕给卡拉公主的爸爸——国王，而且要在国王回家之前把蛋糕做好。有趣的是，卡拉的故事中明显缺少了母亲／皇后这个角色。当她兴奋地假装要把所有东西都准时备好时，没有发现有两个小女孩手牵手地从城堡里溜走了。"反正我们也不想玩。"这两个小女孩解释道："她让我们觉得很难过，她很可怕，不是吗？"然后，她们就一同跑开了，到别的地方去玩她们自己的假装游戏了。

卡拉刚到英国的时候，一定感到非常困惑，于是退缩回了口齿不清、无法表达自己最简单需求的婴儿阶段。一个4岁的孩子刚刚可以开始流利地使用自己的母语时，突然失去了沟通的能力，有什么比这还可怕的呢？因为父亲的新工作，他们必须举家迁移到陌生的环境中，这也是造成了卡拉的复杂情绪的原因之一，而她必须处理这些感受。她正处在一个不允许自己对父亲——那个国王——因为未将她安顿好而生气的年纪。她对爸爸的感觉其实是正常的，也是非常复杂的，因为是父亲让她又处于像小婴儿一样无助的情况中的。难怪卡拉需要一而再再而三地扮演公主女儿的角色，靠此重新获得身份上的认同。问题是，虽然卡拉利用新学到的语言力量引发了这件事情，但她牺牲了建立真正的友谊的机会，她不让其他人扮演和自己相同的角色，因此她失去了完全融入团体的机会。

语言和文化上的不同因而更为明显了。不过，卡拉的不受欢迎不是因为语言和文化的差异性，而是她面对自己与别人的差异时所采用的处理方式。

> **贴心小叮咛**
>
> 有些孩子会通过指使和控制别人，来处理自己的无助和脆弱的感受。

另外一个游戏也是卡拉很爱玩的，这个游戏也显示出了她有多么害怕成为受害者，那就是先前提到的巫婆游戏。要是有受害者坚持想轮流当巫婆，她会很生气，她无法与其他人轮流扮演巫婆与受害者的角色。她非得自己一直当巫婆。这就会让其他小朋友失去了和她一起玩的兴趣，而留下她自己一个人。当这种状况发生时，会有一些小争吵或争执，然后其他小朋友就会转身离开，留下她一个人搞不清楚自己做错了什么，竟会身陷这样的孤单。这些都不停地反映出了卡拉刚到英国时所感受到的孤独和困惑。

这是一个恶性循环，像卡拉这样的孩子会继续恃强凌弱，以摆脱那无法忍受的脆弱感和依赖感，以及最重要的——差异感。在卡拉的案例中，虽然她的行为看似直接呼应了生命当中的一个令她难过的事件,但假以时日,再加上些许运气,这件事情终会过去。然而,除非有一个敏感的大人了解这些行为背后的动机,并在孩子展现这些行为时设下清楚的界限,否则四五岁的孩子会一直恃强凌弱,等到他们年纪更大的时候,就会衍生出严重的欺凌行为。当一个孩子在生命的其他方面觉得很无力的时候,便会紧抓着自己仅有的权威不放,并开始滥用这样的能力,例如,在同伴间称霸。玛格丽特·爱特伍在她的著作《猫眼》(*Cat's Eye*)里对于恃强凌弱进行过一番很好的描述:"'孩子'只有对大人而言才是可爱和渺小的;在孩子眼中,别的孩子并不可爱,且跟自己是一样大小的。"

喜欢有人做伴还是独来独往

"走开,我想要一个人静一静!"

有的时候,四五岁的孩子会有足够的社交活动,但也需要花点时间一个人独处。这和孩子很迫切地想要和其他人在一起,却不得其门而入的情况相当不一样。当一个小朋友不停地尝试想要找其他人一起玩但老是遭到拒绝时,他只好黯然离开,去做别的事情。每当看到这样的情况,总是令人难过的。

阿伦就是这样一个孩子。他在操场上找到了一个很好的藏身之处,把自己藏在树丛后面,期望其他人来加入他。虽然他不停地想要说服一个又一个的小朋友来跟他一起玩，但就是没有人愿意加入。后来，阿伦放弃了邀请其他小朋友跟自己一起玩的想法，他在下课时玩起了冒险游戏，是有关海盗及被俘虏的，但只有他自己一个人玩。这是一个虚张声势的行为，背后的原因明显是阿伦的孤单和被拒绝的感受。阿伦是独生子，可能因此较容易与大人们建立关系，而非与小朋友们建立关系，因而会让其他的孩子对他有所提防。阿伦讲起话来很像大人，这样的说话方式是大人很喜欢的，却让同伴感到不安。阿伦花了好几个月才交到一个朋友，一个愿意留下来跟他一起玩的同伴。阿伦对这个朋友有相当大的占有欲，如果朋友想要加入其他团体的游戏，阿伦会非常生气。慢慢地，阿伦放下了想要控制所有事的欲望，允许他的朋友和其他人一起玩，甚至可以等待朋友回来再跟他玩。在阿伦等待的时候，他可以自己一个人玩得很愉快，和之前觉得被排挤的状况不同了。

有些孩子天生就是独来独往的，当他们感觉非常快乐时，会需要一点自己的时间。甚至可以说，独处的时间让他们可以发挥创造力和想象力。一个较为早熟的5岁男孩是家中的独子，习惯于自己找乐子，他会自编手偶剧的剧情，然后独自演出所有的角色。如果孩子厌烦了自己一个人，这个时候若是有朋友加入，便是一件好事。然而，现在有这么多的电脑游戏和电视节目，都会转移孩子的注意力，让他们远离自己的想象力和与其他人的实际接触。这是另一种孤单，而且这对激发创造力没有什么帮助，反而会扼杀孩子们的想象力。举例而言,四五岁的孩子已经会使用掌上电动玩具来暂时逃离现实生活了。一个幼儿园大班的老师解释说,每逢周一,她都要确保所有的自行车、三轮车和踏板车都能出现在操场上,因为小朋友回到学校上课的第一天,总有许多被压抑的精力需要发泄。对于这样的状况,老师说她唯一可以想到的解释是,孩子们周末时因为长时间坐在电脑和游戏机前面,或是看着电视,因此活动力不足。

这个问题的部分原因也有可能是家长们理由充分地认为,让小朋友在街道上或公园里和其他孩子玩耍是不安全的。如果家长需要每时每刻地看顾孩子,随时都要有空带他们去其他同学或朋友的家中,或参加课后活动,那当然是选择让孩子安然坐在家中容易得多,即使这意味着孩子会有很长一段时间都没有体能上的活动。比起以前,现在的父母要为孩子做相当多的事情,即使是和朋友在公园里踢一场足球赛,也需要有大人带他们去,在那里陪他们,而且这些还是他们忙碌的行程之外的责任。因此,筋疲力尽的家长有时候很希望能够享受一下孩子被电脑游戏吸引而带来的片刻宁静,这一点也不令人惊讶。

我们很容易看出哪些孩子其实是不想自己一个人玩的,就像刚刚提到的阿伦,他需要找出和其他小朋友一起玩而且不会把他们吓跑的方式。有些孩子自己一个人玩的时候,也是真的会自得其乐且感觉愉快。不过,当看到有些孩子因为沉迷电动玩具而把社交互动和想象力隔绝在外时,还是会让人有一点点担忧。但这不表示所有类似的游戏都不好。若是适度使用，仍可以帮助孩子发展手眼协调的能力。有些电动游戏也具有教育意义，可以对初期的阅读和数数能力有所帮助。但对在交朋友上有困难的孩子来说，他们会觉得与虚拟世界建立关系容易许多。如同我们刚刚看到的，阿伦不停地尝试要和其他小朋友建立关系，最后也真的找到了一个朋友一起玩。如果阿伦在尝试的过程中退缩，转而沉浸于电脑游戏，就会让自己处于更孤立的状况里。

有时候，孩子非常生气时会脱口而出："走开，我想要一个人静一静。"实际上，他们其实是希望有人能够来安慰自己，让自己觉得好过一点。每个家长在某个阶段中都会有类似的经验，孩子甚至还会加上"我讨厌你"和"我希望你不是我妈妈"等话语。这些状况越能够在现在这个时期被容忍，未来在青春期发生类似状况的可能性就会越少。

> **贴心小叮咛**
>
> 有时候，孩子非常生气时，会脱口而出："走开，我想要一个人静一静。"实际上，他们是希望有人能够来安慰自己，让自己觉得好过一点。

第四章
书籍绘本与亲子共读

从单字书、韵文书到有主题故事情节的绘本，在孩子的成长过程中，书是不可或缺的好朋友。

本章介绍了好几本关于孩子情绪的自我疗愈的绘本，供父母参考。

大声朗读故事给孩子听，分享亲子之间的亲密感和紧密感。

大多数人都会记得小时候有人念故事书给自己听的时刻，这是童年期最快乐的时光之一。

利用绘本表达常见的恐惧

"再念一次"

现在市面上有太多很好的儿童绘本书籍,以至家长有时候不知道该选哪一本才好。很多家长会念故事书给孩子听,尤其是自己小时候便很熟悉的故事。这件事情本身可以被当作家长与两个客体之间的连接:一是与自己的孩子;二是和过去还是孩子的自己。当家长想起自己小时候的感受时,更可以同理孩子现在的感受与情况。

4—5岁的孩子喜欢有人大声念故事书给他们听。在幼儿园大班里,即使是最容易分心或好动的孩子,也能够在全班一起听故事时有片刻的安静,尤其是当故事书里有一些容易朗朗上口的短句而且可以不停重复很多次的时候。押韵和节奏感在这个阶段显得很重要。我在第二章提到过一个案例,解释书籍如何让孩子感受家里和学校之间,以及妈妈和老师之间的联系:尼克带了一

> **贴心小叮咛**
>
> 4—5岁的孩子喜欢有人大声地念故事书给他们听。在幼儿园大班里,即使是最容易分心或最好动的孩子,都能够在全班一起听故事时,有片刻的安静。

本自己的书到学校去，这本书描写了可怕又粗鲁的怪兽们。他的老师把这本书大声地读给了全班听，所有人都很喜欢。最后，书借给了另外一个小男孩，本。尼克把书借给了他一个晚上，这样本的妈妈就可以念这个故事给他听了。

　　利用绘本来帮助孩子消除焦虑是一个好方式，无论焦虑是真实的还是想象的。通过把可怕或令人困扰的事情加诸虚构的人物，有助于他们去除焦虑的感觉。通过这些绘本，孩子们可以安全且有距离地探索自身的恐惧，更重要的是，发现他正在经历的感受其实并不那么不寻常，自己在这些情绪里其实并不孤单；换句话说，他们可以借此分辨、命名和思量这些恐惧的感受。这可能就是孩子要求一遍又一遍地读这些故事的原因——就好像通过一再重复这个中心主题，他们感觉自己可以掌控这些深层的焦虑，无论它来自哪里。在这个年纪，孩子会不断在两种状态间切换：一是希望可以停留在母亲安全的怀抱里，也就是回到曾经是个无助和可爱的婴儿的状态；二是想要探索外面的世界，并且变得独立自主。

值得念给孩子听的绘本书

"它是甘甜美味的,它是最好的;它是捣得烂烂的,它是最笨的"

有一本很棒的书可以帮助孩子处理焦虑的感受,那就是麦克·罗森(Michael Rosen)的《我们要去捉狗熊》(*We're Going On A Bear Hunt*)。这本书讲的是一家人出发去探险,过程变得越来越困难,也越来越可怕。故事的每一页都用"我们一点也不害怕"作为结尾,一直到全家人找到了出发时想要找的那只熊,然后他们便可以承认自己很害怕,最后安全地跑回家。此书创造了一重又一重的紧张气氛,直到终于可以脱离危险。这样的情结相当吸引4—5岁的孩子,尤其是故事里所描述的爸爸妈妈也像孩子一样害怕,同时又要继续保护他们的孩子免于危险。

> **贴心小叮咛**
>
> 能消除孩子恐惧胆小及负面情绪的好书:《野兽国》《我们要去捉狗熊》《巨大的鳄鱼》《怪兽古肥罗》。

由罗尔德·达尔(Roald Dahl)所撰写的《巨大的鳄鱼》(*The Enormous Crocodile*)包含了所有孩子对自己的感受,有好的,也有坏的。孩子会对自己不太好和贪心的那一部分产生罪恶感。在这本绘本中,作者取出这一部分的人格特质,并以鳄鱼的样子来表示。事实上，罗尔德·达尔画了两只鳄鱼，书名所提到的鳄鱼因贪心和贪恋权力而骄傲自负，另一只"不太大的鳄鱼"不会受其他鳄鱼煽动，更不愿意和大家结伴去做"坏事"。就像所有好故事一样，最后的结果是，这只巨大的鳄鱼得到了应有的惩罚，以呼应孩子关于是非对错的价值观。因为这只鳄鱼残暴地想要杀害小朋友，而且它贪得无厌，这是应该受到严厉惩罚的。这种价值观会引发很多孩子的共鸣，而需要面对家中有新生的弟弟妹妹的孩子们会共同感受到必然会被引发的复杂情绪。在这个状态下的孩子偶尔会对新生儿产生憎恨的感觉，他们需要知道，这样的感受实际上不会对弟弟妹妹造成任何伤害，因为有大人在身边保护着，就像故事中有其他的动物们一样，会确保那只巨大的鳄鱼不会抓到任何小朋友，并把它们吃掉。

虽然《巨大的鳄鱼》里面的用字遣词可能不太适合这个年纪的孩子，但即使不是很清楚这些文字的意思，单单是这些词句的发音，就让人很容易喜欢，故事情节本身也相当简单易懂。提到故事书的文字对孩子而言太过困难，就一定要说到碧翠克斯·波特（Beatrix Potter）的《彼得兔》（*Peter Rabbit*），作者用"催眠"来描述因为吃了太多生菜而想睡觉的状态。《巨大的鳄鱼》里使用了很多重复和押韵的词句，孩子读来朗朗上口，且可一再重复。有一个家庭，当孩子问什么时候可以吃晚餐时（这个孩子现在已经是青少年了），父母仍习惯引用这本书里的句子来回答孩子：

它是甘甜美味的，它是最好的

它是捣得烂烂的，它是最笨的

它比腐烂的臭鱼好吃

你可以把它捣成糊状，然后慢慢地品尝

你可以用力嚼它，发出嘎吱的声音

这个声音非常好听

很多适合这个年纪阅读的故事书都会描述主角受到有邪恶意图的人物的危害，这些坏人比主人公还要强壮和高大。这样的情节并不令人讶异。4—5岁的孩子的确会对想象中的怪物感到害怕，这提醒他们，自己仍是相当幼小的，依赖于父母的保护。还记得在之前的章节提到过当幼儿园大班的小朋友开始练习在大操场上的活动时，他们需要花许多时间，才会觉得年纪较大的孩子多数是善良且不会伤害自己的。

有很多孩子无法认识到自己持续的依赖性，因为这让他们开始担心会失去最需要的人。我们常常看到小孩想象自己是国王或皇后的遗腹子，这种幻想悄悄地显露出他们的真实恐惧，害怕有被父母遗忘或抛弃的可能，到时自己要如何生存呢？有些故事书的主题便是探讨这类恐惧的，会对孩子有帮助。我们已经知道《糖果屋》和其他童话故事是如何处理这样的主题的，比较近期的版本则是茱莉亚·唐纳森(Julia Donaldson)所著的《怪兽古肥罗》(*The Gruffalo*)。这是一本令人喜爱的好书,故事的主角是一只小老鼠,在没有任何外力协助的情况下,智取了许多巨大凶猛、一心想把它吃掉的掠食动物。

《怪兽古肥罗》使用押韵的文字,每一页的文字都相同,除了故事中的主角小老鼠在每一页所遇到的动物名词会被更换外,其余都相同。就像《我们要去捉狗熊》的情节一样,这本书让孩子觉得,那些可怕的情境是可以控制。对于文字的熟悉程度让孩子觉得自己可以面对可怕的事物,用不着逃跑。例如,"一只小老鼠在森林深处溜达,一只狐狸看到了小老鼠,觉得它看起来很美味。"狐狸后来换成了猫头鹰,又换成了一条蛇,最后换成了可怕的怪兽古肥罗本人。《我们要去捉狗熊》里也运用了一样的技巧,在每一个页面的左边都写着:"今天天气真好,我们一点也不害怕!"而页面的右边则描述着危险的情境:"啊哈!一条河／一团泥浆／一片森林／一个洞穴……"然后,主角体会到了必须要面对危险:"喔!不!……我们得穿过它。"直到全家来到最可怕的危险面前——那只熊本身。《怪兽古肥罗》不太一样,因为古肥罗是幻想中的怪兽,在现实生活中突然出现在小老鼠面前,让故事主角一定得面对这个危险,不能逃避。

孩子会害怕因为觉得自己很狂野或是不受控制而伤害到身边最亲近的人。莫利斯·桑塔克在《野兽国》一书里清楚地描绘了这样的恐惧。小男孩麦克斯很爱恶作剧,惹得妈妈叫他"小野兽"。麦克斯回答:"我要吃掉你。"妈妈便命令他上床睡觉,不准吃晚餐。麦克斯通过想象自己是所有野兽的国王——拥有像在《巨大的鳄鱼》里那样的幻想出来的权力——努力与自己害怕的感觉抗衡。他赋予了自己安抚和控制野兽的能力，就像爸妈可以命令他回房间一样地控制自己。然而，房间也给予了麦克斯所需的实际界限，让他可以冷静下来。他在现实中被保护着，而且是安全的，这也让他可以在想象的世界里无所限制地尽情发挥。很显然，混乱浩劫发生在心里面就好，不用发生在现实生活中。

不需要太久，麦克斯就觉得自己很孤单且肚子饿了；换句话说，当怒气消散后，他便可以接受自己最需要的是爱以及"最爱自己的人"所给予的滋养了。麦克斯曾觉得自己无所不能，因而不需要母亲或父亲，但他放弃了这样的想法，并了解到在现实生活中，自己仍是一个小男孩。

童话故事中的麦克斯就像其他孩子一样，需要找到一种方式来控制怒气和带有毁灭性的冲动，让自己变得"有教养"。麦克斯比无法控制自己、乱发脾气的 2 岁孩子要年长一点，他开始了解哪些行为是可接受的，可以利用想法和想象力让自己再度回到"文明世界"。

在本章所提及的故事都讲述了一般的孩子会有的恐惧，以及相对应的解决方法。这能让一些事情变得不那么可怕。这也是绘本能

> **贴心小叮咛**
>
> 绘本能帮助孩子理解在不同的情境以及不同阶段遇到的人物，是非常有用的工具书。

帮助孩子理解在不同的情境以及不同的阶段所遇到的人物的原因，它们是非常有用的工具书。

爸爸妈妈读故事书给我听

"大声朗读故事给孩子们听"

同时，绘本对父母们也是有帮助的。当孩子还是婴儿或是年纪较小的孩子时，若妈妈没有及时和孩子建立起依恋关系，我们会鼓励妈妈在这个时候进行亲子共读，因为亲子共同读书会带来令人吃惊的效果。有一群在自己的成长过程中许多经验被剥夺了的妈妈，她们小的时候从来没有人读故事书给她们听，我们从这群妈妈身上看到，大声朗读故事给孩子们听是亲子间的一种沟通方式，虽然有些妈妈们不免想起自己小时候并没有得到这样的待遇。另外有一位妈妈的孩子有自闭症的症状，她发现可以通过绘本进入孩子的世界，虽然经常需要无数次地反复读一本书，才会达到效果，但这也是她的孩子愿意让她更接近他身体的一种方式。

在大声地朗读故事书给孩子听时，亲子分享着特殊的亲密感和紧密感。我们多数人都会记得有人念故事书给我们听的时刻，无论是在学校，还是在家中。有时候，我们被可怕的幻想故事所吸引，同时又知道自己身处安全舒适的环境，身边围绕着熟悉的事物，也是童年时的乐事之一。

第五章
孩子的焦虑与担忧

孩子如何看待"失去"这件事？这是连大人都很难处理好的议题，对孩子来说，这太沉重了。

但人生有得必有失，这是每个人都必须面对的课题。

"爸爸妈妈为什么不住在一起？""老师今天为什么没来？""生病会不会死？""爷爷去哪里了？"孩子对于这些充满了疑问、担忧与不安。

但孩子往往会以生气和焦虑来包装失落的情绪，父母该如何正确地解读孩子的行为呢？

过多的担忧也会影响学习能力，形成所谓的学习障碍。

对于近年来被热议的话题，包括注意缺陷、多动及高功能自闭症，本章也有所介绍，可帮助父母厘清一些观念。

如何看待"失去"这件事？

"我希望你不要死掉"

每一次的改变都代表着需要抛下某些事物，以便拥有新的经验。在我们所探讨的这个阶段之前，4—5岁的孩子已经要面对相当多的变化了，这些变化中都包含了不同类型的结束和失去。孩子如何处理这样的失去完全取决于其初期依恋关系的性质；也就是说，孩子在这方面觉得越安全，就越能够理解这些失去和改变，越能使他在发展上有所成长。或许，看待这件事情的另外一种方式是去了解为什么一部分4—5岁的孩子有足够的信心，对新的事物感到跃跃欲试，而另一部分4—5岁的孩子对新的经验感到焦虑和痛苦。如果一个孩子无法确信自己是被爱的，或觉得父母无法给予其情绪上的支持（个中缘由有许多，比如有新生宝宝占据了爸妈的注意），他就会觉得改变会引起混乱和恐慌。因此，所有本应用来面对改变的气力，就会被消耗在处理成长与改变所带来的惊慌与可怕的感受上。

卡拉，通过指使其他人来让自己不致崩溃的意大利小女孩（见第三章），失去了她的国家、文化和语言，以及她所钟爱的祖父母。但是，最值得注意的是，卡拉也失去了可以在情感上支持自己的母亲，因为卡拉的妈妈也是初到陌生的国家，由于语言的隔阂，她无法自在地与外界沟通，所以妈妈也在失去她的自我认同中挣扎着。否认是处理失去的一个方式，可以让人避免体验那些痛苦的感受。但是，利用这种方法的问题是：以后一旦有新事物发生改变或变动，会再度引发先前尚未得到处理的失落感受，孩子会更加感觉不安。"失落所带来的危机感，伴随的是焦虑和生气"（Bowlby，1988）。当卡拉对其他孩子颐指气使的时候，一定眯着眼睛、眼神闪烁，流露出了生气的表情。

> **贴心小叮咛**
>
> "否认"是处理失去的一个方式，虽然可以用来避免体验那些痛苦的感受，但终究不是一个好方法。

安格斯在他4岁的时候，会利用对录像带的控制来处理生命中的两大改变（弟弟的出生和开始在幼儿园上全天班）。每天下午，一放学回到家，他便会冲进起居室里，把自己最喜欢的录像带放入录放机里，他会看到某个段落，然后回转到影片的开头。他从来不把影片看完，似乎是在已经熟知的事物里以及不需要思考和没有冲突（或解决方案）的环境当中寻找安抚。他记得影片中的每一个字，会随着影片的情节发展做出动作，说出台词。他模仿录像带的情节，以确保不会再有令人讨厌的意外出现。重复

> **贴心小叮咛**
>
> 伴随失落而来的是焦虑和生气。

每一个字句和动作，让安格斯感觉到事情是在可控制的范围之内的。当享受了足够的重复，他便把录放机关掉，自己创造一个结尾。如果安格斯冒着风险用新创的方式使用文字，也就是和生活中真实的人物（例如，自己的妈妈）进行一段对话，他就不可能预测或控制对方的反应。这样就会让安格斯了解自己的不同和与妈妈之间的差异，了解自己与妈妈已经分离成两个不同的客体了，以及他对事情的变化是没有自治权的。在把影片看了10~15遍之后，安格斯会蜷曲在沙发上睡着。这看起来是他管理和控制事物的方式，必须在他可以接受与忍受的范围内——很明显，安格斯还处在一个无法忍受任何形式的结束的阶段。一直到这个录像带因为重复使用太多次而损坏，安格斯才会放手，再换一个片子，偶尔还可以不太焦虑地把新的录像带看完。

爸妈为什么要分开住？

有时候，家长认为4—5岁的孩子还太小，不会被失去或改变所影响。很自然，大人们因为想要保护孩子，不会解释全部的事实状况。然而，孩子们自行想象的痛苦变化或结果往往比事实更糟糕或更可怕。

没有人告诉丹尼，他的父母已经分居了，只说他和妈妈要搬去跟外祖父母住一段时间了，外祖父母的家在丹尼所居住的村庄的另一头。丹尼对这件事情相当兴奋，刚搬过去的前几周都玩得很开心，外祖父母非常宠爱他。直到过了很长一段时间，丹尼才开始问父亲在哪里,什么时候可以再见到爸爸。妈妈还是无法把事实对丹尼全盘托出,直到有一天出现了一个契机。丹尼在当地小学登记入学。开学前,妈妈带他去学校认识新老师和同学。这时候是学期中,丹尼并不笨,他知道去学校的目的是去上学的,这不再是一个假期了。他不断地问跟爸爸有关的问题,直到妈妈放弃坚持,并告诉丹尼,他们以后都要和外祖父母住在一起了,而妈妈和爸爸以后都不会住在一起了。妈妈一开始无法理解丹尼最初听到这个消息时的反应,直到后来,妈妈才发现丹尼以为爸爸去世了,以为妈妈是因为太过悲伤才无法告诉自己这个事实的。因为丹尼曾发现妈妈和外祖母窃窃私语,而且在自己出现的时候,她们会突然停止讨论。一旦丹尼发现,他还是可以看到爸爸的,而且等一切都安顿好了,也可以和爸爸一起度周末和假期,他大大地松了一口气。

> **贴心小叮咛**
>
> 有时,大人会为了保护孩子,而不告知孩子实情,这反而会导致孩子胡思乱想。

老师到哪里去了?

奇怪的是,和孩子们一起工作的老师和专业人士通常会觉得难以告诉孩子们"自己即将离开他们"这一件事情。他们往往会在最后一刻才宣布自己下一个学期不会再继续留在该机构中,让孩子们完全没有机会准备或适应这一失去。大人们总是有借口回避痛苦的感受。从短期来看，忽视或是不把重要的转变当一回事看似容易，或是以为不正式道别就偷偷溜走所造成的伤害比较轻微。但孩子们会误认为是因为这些事情太可怕了，所以才不能讨论。相较于知道某件事物会有所变化，并能够准备好面对改变，未知的恐惧更会增加孩子的焦虑。

有一天，一个小学附属幼儿园大班的班导师请了一天假，造成了班上同学的焦虑恐慌。这个班级有一个习惯，在下午开始上课的时候会跟老师说："午安，莱特老师，我爱你，希望你今天过得很好。"他们还会说："希望你今天不会变成一条蛇／一只蜗牛／一个机器人……"莱特老师会用和蔼、诙谐的语气回答他们。但当她因为生病而缺席了一天的时候，班上的孩子们用一种特殊的方式表达了大家的担心，他们会跟代课老师说"希望你今天不会生病／不会死掉／不会变成骷髅头"之类的话语。当莱特老师回来上课的时候，孩子们表现得异常听话、温驯，最多只是简单说他们爱老师，希望老师早日康复。接下来的一周，他们又恢复了原来的样子，下午上课前打招呼的用词越来越诡异，例如："希望你不会变成一辆赛车。"当然，你无法事先预告孩子们自己要生病，但我们知道孩子会用什么样的方式来表达他们的担心。

> **贴心小叮咛**
>
> 如果有人一声不响就离开，孩子心里会充满担心和不安。

亲人去世

多数的4—5岁的孩子应该不怎么会在这个阶段就失去亲人，但这种事情还是有发生的可能性。万一发生了这样的改变，或许需要专业人士的帮忙。举例而言，不该期望一位母亲在处理自己因失去孩子或伴侣的悲伤的同时，还能同理其他活着的孩子的沮丧感。在面对这类情况时，孩子本身可能会有很强烈的愧疚感、怒气和悲伤，需要借助向家人以外的其他人的倾诉，来排解发泄这些情绪。

如果孩子在协助之下对于失去的关系能够保有一段美好的回忆，且不需要将这段关系从心中抹去，也不需要假装这段关系从来没有存在过，他就可以继续向前，充满自信和希望地接纳新的关系。

学习障碍是怎么来的？

"这个很难想"

一个过于关心家中问题的孩子，心里无法有足够的空间来容纳新事物。他会在面对学习时感到困难。如果一个孩子的心中充满了对自我生存的疑虑，或担心身边亲近家人的生存（我指的是在心理层面，而非在现实生活中），他会努力地让自己处于受

> **贴心小叮咛**
>
> 当孩子过于专注于家中问题时,他的学习力就会发生问题。

保护和安全的状况中。如此一来,心中就不会有足够的空间留给心智活动来进行学习。从生理学的角度来说,这会启动"战或逃"的机制,即孩子为了保护自己不受想象中的攻击,会在下一次换成自己主动攻击,或者退缩逃避。

这可以由埃罗尔的案例看出。他是一个不爱说话的4岁男孩,似乎对妈妈的情绪状况相当关心,无法忍受任何看不到妈妈的时刻,其中一部分是因为他无法想象没有妈妈,那样的话,他可能无法坚强地活下去。每当妈妈来接他,无论什么时候,只要发现妈妈手上或脚上有小瘀青或小割伤,他都会忍不住哭出来。埃罗尔利用这样的绝望来表达自己的忧虑。任何让妈妈受伤的迹象都是不能够忍受的,且让他更加坚信自己最担心的事情终于要发生了。但埃罗尔也确信,若是自己开口说话,从口中说出来的话语会太过于暴力和具有毁灭性,也会对妈妈造成无法弥补的伤害。埃罗尔真的会在口中塞满沾了水的卫生纸,以免话语从自己口中逃跑。他也会把玩具鳄鱼的嘴巴用纸塞住,并且用手捂住鳄鱼嘴巴,不让它说话。当埃罗尔最后把鳄鱼嘴巴里的纸张清除之后(不是他自己嘴里的),他拿着鳄鱼在房间里咬烂、撕坏了所有看得到的物品。

埃罗尔需要专业人士的帮助来协助他将行为、想法和语言分开,并告诉他拥有生气的感觉是无害的,这些情绪不见得要转换成生气的行为。一旦他想清楚了这个逻辑,便可以冒险开口说话,尤其是

> **贴心小叮咛**
>
> 拥有生气的感觉是无害的,这些情绪不见得会转换成生气的行为。

表达"我对你非常生气,我恨你"并不会导致任何悲惨的后果。埃罗尔发现,可以讨厌一个自己同时也很爱的人,而且这样还是安全的。一旦经历过这些事情,他便可以把注意力转移到别的事物上了,并开始学习的过程。

埃罗尔是属于比较极端的案例,认为想着某件事情,尤其是不好的事情,就代表着执行了这个行为。很多4岁的孩子会对想着不好的事物感到害怕,就好像他们会想象大人能够看穿自己的心思,因而为了这些坏事而处罚他们,或者自己会让可怕的事情在现实生活中发生。4岁的孩子还是可能混淆想象世界与现实生活,分不清前因和后果。

莎拉相信,只要自己够专心,便可以神奇地让还是婴儿的妹妹睡着。她常常在妹妹喝过奶、觉得昏昏欲睡的时候马上这样做,但她没有联想起这两者之间的关联。莎拉猜对了结果,却混淆了造成这样的结果的原因。当然,这当中也隐藏了莎拉对可以得到妈妈乳汁的宝宝的敌意。利用"让宝宝睡着",莎拉可以摆脱妹妹,夺回妈妈对自己的注意。罗尔德·达尔非常擅长发掘孩子所相信的事情,他创造了许多神奇地可以仅仅利用想法便改变事

情发展的英雄。在《魔指》（*Magic Fingers*）一书当中，一个拥有"魔指"的女孩只要轻指任何东西，就可以随心所欲地让其改变。而在《玛法达》（*Matilda*）一书中的小女孩则可以运用意念来摆脱校长和其他可恶的人物。

孩子以为自己可以施展魔法，光用想象就能改变事情。到了5岁的时候，这样的信念便会彻底动摇。部分是因为在学校里，孩子会一再地在现实生活中测试这样的能力，但很快就会发现有些事情是不受自己控制的，无论愿望有多强，也无法像变魔术一样让讨厌的人凭空消失。

学习困难与情绪问题

有很多种原因会使孩子无法达到可以开始学习的状态，同样，也有许多原因会使孩子需要协助方能解决情绪上的问题，以便开始进入较正式的学习过程，例如读写。针对这一点，格雷厄姆的案例是较为特别的。格雷厄姆再过几个月就要过6岁生日了，但他没有一点时间的概念。格雷厄姆曾受过虐待，被带离了亲生母亲，并留宿过许多寄养家庭。在这些地方，他从不知道别人是否真的想要自己，不知道自己到底要在这个地方停留多久。他不知道一周有几天，也不知道自己几岁了。只要提到和时间有关的事物，他就会发狂、生气。他没有办法忍受同时讨论过去、现在与未来，因为在他短短的生命当中充满了暴力和不确定性。如果格雷厄姆让自己了解时间，就会暴露于痛苦的经验面前，这些经验包括过去妈妈无法在他小时候好好保护他，而未来的寄养家庭也不想留着他直到他长大。

在为期一年的咨询当中，主动表示愿意照顾格雷厄姆的姨妈和格雷厄姆本人通过专业人士的协助建立起了互信的关系。当格雷厄姆开始相信姨妈是真的爱他、愿意永远照顾他时，他先是注意到了一周有哪些天，然后慢慢地可以主动谈起过去发生的事情了。接着，他可以规划近期的未来，然后是一年之后的事情，甚至是两年以后的事情。当格雷厄姆搞清楚了时间的概念之后，他便可以开始学习读写了。

这个案例显示了情绪因素会对学习过程造成多么巨大的影响。同样，在这两者之间也可以有如此戏剧化的转换。绝大多数孩子都很幸运，从过去、现在到未来，都可以跟父母或主要照顾者分享彼此的生活，因此可以连接过去与现在的经验，并形成知识的基本架构。家长是了解孩子想要传达的讯息的最佳人选，因为父母一直以来都参与了这个孩子的生活。等这些都到位以后，孩子们便可以开始进行智力上的发展了。

大多数孩子都处于两种状况之间：一种是极端如格雷厄姆和他的家庭，另一种则是一切都顺利发展的家庭。在家中出现了问题的孩子在开始上学的时候会展现出两种不同的行为：一种是爱搞破坏，期望得到他人的关注——这些孩子宁愿得到的负面的关注，也不愿意没有人注意到他；另一种则是退缩，或越来越不敢提出要求。然而，就像我们在第二章介绍的阿奇，他虽是班上的麻烦制造者，但老师在这当中扮演了极为重要的角色，她让孩子"拥有机会对其他可能性寄予期望"（Greenhalgh，1994）。安静顺从的孩子往往都会遭到遗忘，虽然只是因为这类孩子不会对所有事情都大惊小怪。当一位老师要管理班级里的20多位学生时，那个爱捉弄班上其他同学的吵闹孩子自然会捕获老师的注意。老师们必须足够敏锐，才能发现当孩子无法用言语进行表达时，是否表示这个孩子遭遇到了困难。

当学习碰到挫折时，该怎么办？

在学习一个新技巧的过程当中，难免会遭遇一些挫折。当孩子发现自己无法马上掌控某些新事物时，如何应对这样的状况会对他未来的学习产生影响。有些孩子觉得绝望，想要放弃；有些孩子则会利用操纵这件事物来掌控这种处境；比较幸运的孩子依然能够对新的事物保有一颗好奇心，这种态度会让他们怀抱可以解决问题的希望来面对困难。孩子若能经历越多从挫折当中学习成长的经验，就越不会逃避面对新事物时无可避免的挫折，或是试着完全避免挫折的发生。关于从挫折当中学习，我所指的是，当婴儿肚子饿的时候，若是不能马上喝到母乳，便会开始想象自己永远都得不到哺育了，这便是思考过程和想象的开始。一个从未遭受挫折的婴儿，比如在还没觉得肚子饿之前就能喝

> **贴心小叮咛**
>
> 保持好奇的能力才是学习的关键动力。

到母乳，不需要进行思考和想象；相反的，一个总是遭到忽略和饿肚子的婴儿则会因为太过焦虑而无法进行任何心理层面的运作。你也可以在4岁的孩子身上看到：在面对新事物时，那些在过去遭受了太多挫折的孩子很容易绝望放弃；而那些自身需求太快就被满足的孩子则会利用一种自以为无所不能的态度来处理新事物，并完全略过了等待和挫折的过程。有一个5岁零6个月的小男孩让老师非常伤脑筋。这个男孩非常聪明，但在阅读和书写上落后其他人一大截。老师经过深入了解才发现，原来他认为自己不需要下任何功夫就可以"知道"所有事，就像他认为爸爸小时候也是用这样的方式学习的。

4—5岁的孩子其实和大人没什么分别。我们都希望避免在不确定当中挣扎或在挫折中生气。每个人都希望能在最短的时间内得到简单的答案。但是保持好奇的能力才是学习的关键动力。洁西卡对于自己——甚至是妈妈和外祖母——是怎么来到这世界上的感到困惑。她说："这件事情真的很难搞清楚。"但洁西卡仍继续试着解开这个疑问。蒂娜便不这样想，她决定不靠任何人的帮助，自己就可以生一个小宝宝（参见第三章）。

生病造成的恐惧和忧虑

"是我害他生病的"

刚满4岁的约翰尼最近开始上幼儿园了，但因为包皮过紧，需要住院进行包皮切割手术。妈妈对这件事情可能会对约翰尼造成的影响非常敏感，但他的哥哥休却不停地捉弄弟弟，跟他说他的小鸡鸡就要被切掉了，让约翰尼的恐惧感倍增。妈妈需要不停地向约翰尼保证事情不会像哥哥说的那样。约翰尼的爸爸也煽风点火地大声表示，怀疑自己是不是想要儿子不是出于宗教的原因而是医疗的需要而进行割包皮手术。手术之后，儿子的自我认同又会怎么样？像这样的手术让家中的男性备感恐惧，约翰尼的妈妈成了唯一能够用不同的角度看待这个事件的人。在这样的状况当中，哥哥姐姐可能会表现得特别残酷，或许是因为这会导致他们对才刚刚形成的自我认同产生怀疑。在这个时候，约翰尼特别需要爸爸来帮助自己确认，即使有一部分身体被切除，也不会让他的男子气概有丝毫减少，而跟爸爸或哥哥有所不同；偏偏在此时，父亲和哥哥站在同一阵线，一起取笑他。

医院里有一位游戏治疗师来帮助约翰尼了解手术，以及术后他会有哪些感受。约翰尼可以对男孩娃娃和泰迪熊"进行"手术，这些让他的心情平静了许多。在手术之后，他的哥哥还继续捉弄了他一段时间,而父母则拒绝加入哥哥的行列,这件事情便逐渐被遗忘了。

若生病的是父母,则会引发完全不同的情绪。当家长因为本身的因素而无法注意到孩子在生活当中的变化时,这个正在与学校和外部世界奋战的4—5岁的孩子便会呈现不稳定的状态。要是发生了这种状况,孩子需要一个直接且容易理解的解释,告诉他发生了什么事情,告诉他这些事情在未来都会恢复原状。我想起有一位父亲在他的小儿子拉胡尔4岁、大儿子7岁时,患上了严重的临床抑郁症。自然,妈妈的心思都放在担心先生的健康状况上了,注意力也从孩子身上转移到了先生身上。大家本来以为4岁的孩子不会发现父亲有什么异状,因此没有告诉他实际状况。相反,大人们对7岁的哥哥解释了所发生的事情,以及未来事情会渐渐好转,因此他对爸爸的情况有较多的了解。在学校里,拉胡尔变得沉默、退缩,偶尔在某些时刻会奇怪地放声大哭。直到学校老师察觉到异状,要求与家长会面,妈妈才理解这件事情对于孩子的影响有多大,她才意识到当家中每个成员的日常行为发生变化时,孩子们会感觉到多么害怕,尤其是当自己身为一个母亲却不再对孩子的发展成就感兴趣时。

如同之前提到的,当一个孩子无法理解正在发生的事物时,若是没有人跟他们解释个中缘由以及到底发生了什么事,孩子会用自己的方式进行合理化。相较于其他可以得到适当解释说明的孩子,这些孩子的思考结果通常与事实相差十万八千里,而且是很糟糕的想象和恐惧。拉胡尔责备自己让爸爸生病,也认为妈妈觉得是他让事情发展到这样的地步的,因而生气到不再爱自己了。这个年纪的孩子会把家中的厄运怪罪在自己身上,因而会对之前对家长产生的恨意和愤怒感到负罪——就像我们之前看到的,普遍地讲,这个年纪的孩子仍相信自己拥有神奇魔法,仅利用意念想象便可改变世界。家长职责的一部分便是要经得起孩子愤怒情绪的冲击。当父母生病的时候,孩子很可能会觉得爸妈是因为无法承受自己的愤怒情绪才生病的。

> **贴心小叮咛**
>
> 当家中发生变故时,请告诉孩子并向他保证一切都会好转的,否则他会运用想象力,将一切责任都归于自己。

我的孩子跟别的孩子不一样,是有问题吗?

"长大就会好了吗?"

有的时候,孩子会开始表现出某种行为,显示生活可能不太顺遂。尿床、食欲不振、夜惊和持续的焦虑状态都是清楚的警示,表示孩子的生活中出现了某些差错。这些可能来自一件显而易见的不幸遭遇,就像我们刚刚讨论的案例一样。但有时候,这不见得有明确的原因,孩子就是显得不快乐。

越来越多的证据显示,即使是4岁的孩子,也会有情绪抑郁沮丧的现象。被诊断出具有注意缺陷障碍(Attention Deficit Disorder,ADD)和注意缺陷/多动障碍(Attention Deficit Hyperactive Disorder,ADHD)的孩子的数量也显著上升。越来越多在沟通上有困难的孩子被归类于自闭症谱系中的语意语用障碍(Semantic Pragmatic Disorder),这是一个较新颖的名词,用在描述属于自闭症谱系的高功能类型且沟通上有困难的孩子,包括学习书写和阅读以及与他人的社交互动有困难。

> **贴心小叮咛**
>
> 所有具有自闭症症状的孩子都有沟通上的困难,但并不是所有在沟通上有困难的孩子都是自闭症儿。

没有人知道有心理问题的孩子的增加是否真的代表此类困扰在增加,或仅是因为人们对相关讯息的熟知程度在增加,而使获得诊断的年纪越来越小。常常在很早期就发现孩子的表现有所异样的家长得和医疗专业人士合作,才能让孩子得到诊断和治疗,并获得不同资源的协助。当家长焦虑地带着孩子前去就医,但小儿科医生表示这些都是无谓的担忧而已时,家长一定会感到相当的气馁、无助。玛丽就是如此,医生说她那非常害羞的4岁儿子"长大后可能就会好一点"。当然,父母的直觉有时候是准确的。现在有很多的成人回想起童年时期就发现自己和其他小孩不一样,但一直到20多岁,也没有得到任何诊断和治疗,尤其是具有阿斯伯格综合征症状或是高功能自闭症症状的孩子。

感谢马克·海登（Mark Haddon）的畅销书《深夜小狗神秘习题》（*The Curious Incident of the Dog in The Night-time*），让我们对阿斯伯格综合征的症状有了更多的了解。这本书里的主人公小男孩便是一个符合"主动但怪异"（Wing，1996）的阿斯伯格综合征症状的绝佳案例。这些孩子不会注意到说话对象的感受和需求，而且对如何与其他人互动、相处的理解相当少，甚至会表现出其他人并不存在的样子。他们通常会避免眼神的接触，而看向远方，好像看穿了你，或是越过你望向别处。这些孩子似乎与外界断绝了联系，活在自己的世界里。

所有具有自闭症症状的孩子都有沟通上的困难，但并不是所有在沟通上有困难的孩子都是自闭症儿童。这当中可能有隐藏的因素，既有医疗上的，也有心理上的。先前提到过一个案例，有一个不愿意开口说话的4岁小男孩，他相信一旦开口，从他嘴巴里冒出来的话语就会伤害到妈妈。

然而，不可否认的是，孩子会觉得未知的事物所带来的不确定性是难以忍受的，大人也一样，尤其是当他们确信孩子真的有问题的时候。在这样的状况下，以诊断为名的标签可以让家长放心许多。所有的事情都会逐渐明朗，过去一两年内所发生的偏差行为都可以得到解释。"现在我知道她为什么会这样了。"一位母亲像得到了解脱般地高喊。然而有的时候，诊断的结果不见得是受到欢迎的，甚至可能是错误的，就像玛格丽特所相信的。玛格丽特和先生带着四个小孩刚搬到美国，学校的心理咨询师为她5岁的儿子乔治做过测验之后，建议让他服用利他林（有注意缺陷/多动障碍的病人所服用的药物），让他冷静稳定下来。玛格丽特一直认为，就算爱吵闹，乔治仍是一个非常健康的孩子。更幸运的是，身为玛格丽特的第四个孩子及第三个儿子，对乔治有很大的帮助。因为玛格丽特在带大其他孩子的过程中有相当丰富的经验，非常清楚什么是"正常的"。

然而一般来说，要正确地诊断出明显需要医疗介入的孩子以及像乔治一样有暂时适应性问题的孩子并不容易。乔治的"调皮捣蛋"和无法专注的问题仅是暂时的，绝大部分是因为他根本不想搬到美国，也不想离开家族和朋友，于是对生活中的变化感到难以适应。

最后再说明一下觉得有罪恶感是多么容易的一件事：家长是第一个会因为孩子而怪罪自己的人——无论是因曾经为孩子做了什么，还是没做到什么，且当孩子之后开始发展出令人担忧的行为时，父母的罪恶感会更加深重。如同大家常说的那句话："母亲总是备受责难。"一个确定的诊断可以帮助家长减少罪恶感，更能专注于孩子，帮助他们解决问题。"没有用的"罪恶感是没有任何帮助

> **贴心小叮咛**
>
> "没有用的"罪恶感是没有任何帮助的；相反地，"有用的"罪恶感可以帮助父母利用不一样的方式来处理问题。

的;相反地,"有用的"罪恶感可以帮助我们在下一次用不一样的方式看待事物。

第六章
教养孩子要像放风筝一样

不要要求我做我做不到的事情

只可以要求我做我可以做的事情

不要要求我成为我不可能成为的人物

只可以要求我成为我自己原来的样子

不要一下子说"你长大了"

一下又说"你年纪还太小，不适合"

请不要要求我达到我无法达到的境界

请为我现在呈现的样子感到高兴

——希亚文·奥拉姆（Hiawyn Oram，1993）

给孩子明确的界限

"好吧,我想你可以"

在这个年纪的孩子,都需要家长或老师不太严厉地替他们划出界限。在学校,孩子可能因为要和其他的"兄弟姐妹"分享一位老师的注意力,为了争取老师对自己的关注,而排挤其他同学。有时是偷偷摸摸的,有时也是光明正大的。无论是什么原因,若是决定睁一只眼、闭一只眼地看待这件事情(没有人会否认,若能忽略某些攻击性行为,甚至暗自希望这种行为若能自动消失不见,事情会简单些),孩子们会认为不需要为自己不好的所作所为负责任;或是家长、老师害怕设下界限,让孩子误以为大人们同意自己这样的做法。这都会让孩子们觉得自己更有能耐,变得更为蛮横专制。这种方式对于孩子在未来面对自己具有毁灭性的一面时,有害无益。

曾经经历过这种状况的孩子会一次又一次测试大人的极限,因为在现实当中,他们害怕自己竟然可以如此专横。"若没有给予孩子适当的界限,他们便会自行寻找"(Casemen,1990)。大人们若能在不断的测试下仍坚持界限,就会让孩子了解到,这些情绪感受是可以被接受和被了解的。我们常常看到,当大人对孩子的某些无法接受的行为很坚决地说"不可以"并且不带任何情绪上的威胁时，孩子其实会有松了一口气的感觉。

有时候说比做容易。我们看过有些母亲觉得拒绝孩子、让他们遭受挫折，是非常困难的，或是她们比较喜欢扮演仁慈、友善、给予的那一个角色，而不是设下规则的那个人。珍妮是4岁的杰克的妈妈。珍妮觉得自己的妈妈在她4岁的时候非常严格，动不动就惩罚自己，因此她决定做一个跟自己的母亲完全不同的妈妈，避免变成像自己的母亲那样的妈妈，直到杰克的妹妹出生。她发现杰克会攻击妹妹。珍妮一方面想要保护妹妹，但这又和她想要扮演一个慈爱的母亲的愿望背道而驰。她也惊讶地发现了自己小时候的恨意和怒气，而杰克可能也发现了这一点，他感到更加害怕。珍妮通过否认自己和杰克的生气感受来处理这些困扰自己的情绪，但杰克的反应变得更可怕、更难以控制了，他相信这些情绪感受是无法忍受且无法控制的。当孩子面对一个只表达关爱的母亲时，会幻想自己要独自承受所有的负面情绪，因此害怕自己是一点也不被喜爱的。常常只有从精神分析的概念才能让人们惊讶地明白，原来憎恨是可以被接受的。父母给予的关爱也需要包含某种程度的恨意，这样才能让孩子在现实生活中融合这两种感受。否则，孩子只会心怀憎恨，尔后可能将这种恨意抒发在不对的地方，就像之前提到的杰克的案例一样。

当珍妮生第二个孩子时，这个过程使她回想起小时候，因为排行老大，弟弟妹妹的出生让她觉得特别脆弱，而当时这些感受并没有获得妥善处理。这个状况唤起了当珍妮还是婴儿时的嫉妒和生气感受,这些都是她长久以来试着隐藏的情绪。在这样的情况下,珍妮要如何表现出一个成人应有的样子呢?杰克是幸运的,有父亲介入且将注意力放在杰克身上,此外还有学校老师,在发现这样的情况后,以坚定且理解的方式包容了他的怒气。

托比和夏洛特(先前提到两次的姐弟,第一次是描述他们的争吵,第二次则是讨论他们在性别上的不同)的妈妈凯伦非常善于控制和激励孩子的智力发展,但遇到心理层面的界限时,她却放任孩子们,因此他们常常冒着伤害自己和对方的危险。此外,她也无法控制孩子们看电视的时间,只是常常抱怨他们看太多了。当托比拿着电视遥控器时,只有父亲可以在不完全动怒的状况下让他交出遥控器。凯伦的问题之一是想要避免任何会引起争执、生气的状况,但这会造成一定程度的困扰,到底是谁拥有控制权,又是谁该拒绝谁?

托比对于不同的事物拥有相当多的知识,远远多于一般的4岁孩子,但他似乎是通过了解事物来感觉自己拥有可以控制外在世界的能力的。这并不是在情绪层面上理解一项事物,反而是因为母亲没有给予明确的界限,让他需要利用这样的方式来掌控自己的焦虑。为了取悦母亲,托比致力于发展妈妈认为最重要的学识成就。然而,在为托比提供另一种界限时,或许也需要包容他面对困难时的情绪感受。

一个典型的例子是,有一天托比在厨房的窗台上看着碗里的黄水仙花,妈妈走进厨房给了他一块巧克力饼干,托比拿过饼干后很快地塞入嘴中,并跟妈妈要下一块。此时妈妈说:"我们很少吃两块饼干的,不是吗?"托比抗议着,脸因生气而开始涨红。"好吧。"妈妈把盘子递给托比,他偷偷拿了两块,母亲对此也没有说什么。托比转过头去继续看着黄水仙花,并逐一说出花的各部位的名称,"它越长越大了。"他说道:"从冬天到了春天,这个是它的茎。"他轻抚着黄水仙的茎部,继续说:"这些是花瓣……一共有五片花瓣……一、二、三、四、五……这个是花苞。"我认为,托比的这个行为显示了在看到自己没有止境的需求和贪婪时,他有多么害怕,而母亲却无法阻止或是限制自己。或许,托比的罪恶感让他想要展现自己在知识上的能力,以此安抚母亲。

在这个年纪,孩子会慢慢开始经历一些不可避免的失望,不是来自母亲,就是来自其他成人,这会让界限越来越具体化。孩子之前以为自己无所不能的认知会转变成更为实际和可以达成的目标。

> **贴心小叮咛**
>
> 在这个年纪,孩子慢慢开始经历一些不可避免的失望,不是来自母亲,就是来自其他成人。这是一种成长。让他们逐渐认清自己不是无所不能的,而且对将来目标的设定,比较会考虑到本身的能力,而不致眼高手低。

适时放手，让孩子独立

不要一会儿说"你长大了"，一会儿又说"你的年纪还太小"

若要让孩子准备好脱离依赖的枷锁，孩子需要一位在整体上可以包容他们的焦虑的母亲或主要照顾者，以带来一种被放在心上关心想念的经验。换句话说，一位情绪上体贴的母亲或是照顾者会对自己的孩子感到好奇，一直到孩子们准备好且足够成熟到对自己感到好奇为止。孩子从此开始发展思考和学习的能力，首先是在家中，之后是在学校展开正式学习的过程中。但是如同我们看到的，就算是4—5岁的孩子，当承受了太多无以名状的强烈情绪感受时，也会退缩回婴儿期的行为。在这种时刻，孩子便需要一位母亲能够替他们思考，直到他们再次准备好自己执行这个动作。

> **贴心小叮咛**
>
> 对这个年纪的孩子们来说，最重要的一件事是感受到在母亲的心里有自己的位置，在这个位置上，他感觉自己是被理解的，恐惧是可以说出来和得到处理的。

或许，对这个年纪的孩子们来说，最重要的一件事是感受到在母亲的心里有一块属于自己的位置。在这个位置上,他感觉自己是被理解的,恐惧是可以说出来和被处理的。然后,孩子便可以将这个在某人心中占据一个位置的感觉转化到老师或同学身上。然而,更重要的是在自己心中发展出一块位置,以便进行思考。尤其是当他们在除了母亲之外的其他重要他人的眼中看到所反射出的自我形象时,他们对于自己和家人不同却又紧紧连接在一起的身份认同会日渐坚固。

孩子们会发展出较为深刻的友谊,可能还有机会和其他的小朋友一起在外面过夜。这个时候的孩子可以应付与父母分离的情况,不会感觉到太多的焦虑。分享想象的内容和假装游戏在亲密的友谊中着扮演很重要的角色,可以增加亲密感,并对不同的意见发展出新的处理方式。

> **贴心小叮咛**
>
> 分享想象的内容和假装游戏在亲密的友谊中扮演着很重要的角色。

接下来的几年称为潜伏期,大约是从5岁到12岁,也就是孩子就读小学的阶段。潜伏期指的是孩子一直以来所怀有的热情会沉寂一阵子,直到青春期来临。这段时期的发展较为缓和是有很好的理由的,这样一来,孩子们就可以将精力放在课业学习和社交互动上。每一项新的技能——从自己系鞋带到学会读写——都是重要的成就,并且更让他们确定自己是可以掌控世界的。

你的孩子也会如此,带着好运和关爱,迈向第六个生日,充满自信地向外探索。他们会有所转变,从对家长的混乱感受,到对于其他不断组合和结合的事物感到好奇。孩子想要知道父母的房门后所发生的事情——那些他猜想不到的事情,那些自己被排除在外的事情——的愿望会慢慢减少或消失。压抑住对于两性的好奇心,可以让孩子更专心地面对在生活中所发生的刺激、惊奇和有趣的事物。这是学习了解外部世界并从自身经验当中学习的时候。

爱他就去了解他

给父母亲的紧急通知

> 不要要求我做我做不到的事情
> 只可以要求我做我可以做的事情
> 不要要求我成为我不可能成为的人物
> 只可以要求我成为我自己原来的样子
> 不要一下说"你长大了"
> 一下又说"你年纪还太小,不适合"
> 请不要要求我达到我无法达到的境界
> 请为我现在呈现的样子感到高兴
>
> ——希亚文·奥拉姆(Hiawyn Oram, 1993)

参考文献

Bowlby, J. (1988) *A Secure Base: Clinical Applications of Attachment Theory*. London: Routledge.

Casement, P. (1990) *Further Learning from the Patient: The Analytic Space and Process*. London: Tavistock/Routledge.

Dunn, J. (2004) *Children's Friendships: The Beginnings of Intimacy*. London: Blackwell.

Greenhalgh, G (1994) *Emotional Growth and Learning*. London: Routledge.

Haddon, M (2004) *The Curious Incident of the Dog in the Night-time*. London: Vintage.

Oram, H. (1993) "Urgent Note to my Parents." In J. Foster (ed) *All in the Family*. Oxford: Oxford University Press. Reprinted in S. Gibbs (comp.) (2003) *Poems to Annoy your Parents!* Oxford: Oxford University Press.

Salzberger-Wittenberg, I., Henry, G. and Osborne, E. (1983) *The Emotional Experience of Learning and Teaching*. London: Routledge & Kegan Paul.

Waddell, M. (1998) *Inside Lives: Psychoanalysis and the Development of Personality*. Tavistock Clinic Series. London: Duckworth.

Wing, L. (1996) *The Autistic Spectrum: A Guide for Parents and Profesionals*. London: Constable.

Winnicott, D W. (1964) *The Child, the Family and the Outside World*. London: Penguin.